DRUCKVERTEILUNG
ERDDRUCK, ERDWIDERSTAND
TRAGFÄHIGKEIT

VON

DR.-ING. HEINRICH PIHERA
TEPLITZ-SCHÖNAU

MIT 51 ABBILDUNGEN IM TEXT
UND 6 TAFELN

SPRINGER-VERLAG WIEN GMBH

1928

ISBN 978-3-662-27364-7   ISBN 978-3-662-28851-1 (eBook)
DOI 10.1007/978-3-662-28851-1

Manzsche Buchdruckerei, Wien IX.

Vorwort

Ein früherer Aufsatz,[1] der sich mit der Verringerung der Schienenbeanspruchungen durch die Zusammenfassung von Lasten zu Lastengruppen und den aus der Form der Bahn eines Rades entspringenden zusätzlichen Schienenbeanspruchungen befaßte, veranlaßte mich später, das Verhalten des kohäsionslosen Bodens unter stetig wachsender Belastung[2] näher zu untersuchen; denn einerseits setzt die Beurteilung der Wirkungsweise der Bettung die Kenntnis ihrer Druckverteilung voraus, anderseits lag es nahe, anzunehmen, daß die von Schwedler[3] vorausgesetzte Art der Zerstörung der Bettung schon durch die ersten Belastungen eingeleitet wird. Es waren somit zunächst die Druckverteilung und Tragfähigkeit eines Bodens zusammenhängend zu untersuchen und dabei ergaben sich von selbst die weiteren, in der Überschrift angedeuteten, innigen Zusammenhänge. Infolge letzterer war es unvermeidlich, daß beispielsweise schon im ersten Abschnitt „Druckverteilung" gewisse Annahmen über den Erdwiderstand getroffen werden. Es war deshalb vielleicht nicht unzweckmäßig, in einer Einleitung kurz die Ergebnisse der bisherigen Theorien über den Erddruck und Erdwiderstand vorzubringen und andere (vielleicht neue) Erkenntnisse beizufügen, die eine leichtere Fassung des eigentlichen Aufsatzes ermöglichen.

Während die sogenannte neuere Erddrucktheorie[4] sich mit den Druckverhältnissen in einem unendlichen Erdkörper befaßt, der unbelastet oder über seine ganze Länge gleichmäßig belastet ist, und für diesen die Hauptdruckrichtungen bestimmt, befaßt sich dieser Aufsatz

---

[1] Dr. Pihera, „Statische und dynamische Oberbaubeanspruchungen", Organ f. d. Fortschritte d. Eisenbahnw., 1914. In diesem Aufsatz ist mit Absicht die Federung nicht berücksichtigt. Will man ihr Rechnung tragen, so kann man dies einfach dadurch, daß man im Nenner des dynamischen Faktors statt der vollen Radlast nur die ungefederte Last einsetzt, d. i. bei Dampflokomotiven etwa ein Viertel.

[2] Ein früherer, mir bekannter Versuch, die Wirkungsweise der Bettung zu erklären, rührt von P. Borsche, Organ 1908 (Ergänzungsheft).

[3] Zentralblatt d. Bauverwaltung 1891, Engesser, „Zur Theorie des Baugrundes", Zentralblatt 1893.

[4] Rankine.

mit den Wirkungen von Streckenlasten[1] und sucht für diese annähernd die Hauptdruckrichtungen zu ermitteln. Man könnte daher diesen Aufsatz als eine Ergänzung der neueren Erddrucktheorie ansehen.

Die Gesamtheit der Hauptdruckrichtungen könnte man (nach der Bezeichnungsweise auf anderen Gebieten) als Kraftfeld bezeichnen; bezeichnender für die Art der Kräfte sind aber die Worte Drucklinienfeld und Drucklinien. Diese Bezeichnungen sollen deshalb im Aufsatz angewendet werden.

Der so entstandene Aufsatz ist eine wesentlich erweiterte Umarbeitung des erstmalig in den H. D. J. Mitteilungen des Hauptvereines Deutscher Ingenieure in der tschechoslowakischen Republik erschienenen Aufsatzes gleichen Namens (1926, H. 9—11).

Teplitz-Schönau, im Herbst 1927

---

[1] Gleichmäßig verteilte Lasten, die sich nicht über die ganze Länge des Erdkörpers, sondern über kürzere Strecken erstrecken.

Inhaltsverzeichnis

Zeichenerklärung

φ . . . . natürlicher Böschungswinkel

φ_1 . . . . Wandreibungswinkel $\quad f_1 = \operatorname{tg} \varphi_1 \quad f = \operatorname{tg} \varphi \quad \varepsilon = \operatorname{tg}^2\left(45 - \dfrac{\varphi}{2}\right)$

$$\varepsilon_1 = \frac{1}{\varepsilon} = \operatorname{tg}^2\left(45 + \frac{\varphi}{2}\right)$$

γ . . . . Raumgewicht des Bodens
b . . . . Plattenbreite
h . . . . Wandhöhe (Masthöhe über dem Boden)
h_1 . . . . Überschüttungshöhe (Gründungstiefe)
ϱ . . . . Krümmungshalbmesser der Drucklinien
ϱ_0 . . . . Krümmungshalbmesser der Drucklinien unmittelbar unter der
   Platte
r . . . . Leitstrahllänge der Drucklinien
r_0 . . . . Leitstrahllänge der Drucklinien unmittelbar unter der Platte
p . . . . Bodenpressung
p_0 . . . . Pressung unter Plattenmitte
p_1 . . . . Pressung unter dem Plattenrand
g . . . . Pressung infolge der Eigenlast des Bodens.

Zusammenstellungen

I. Einleitung

1. Druckverhältnisse im wagrecht abgeglichenen Erdkörper

Ein in der Tiefe y unter der Oberfläche eines wagrecht abgeglichenen, unbelasteten Geländes gelegenes Erdelement erleidet durch die über ihm lagernde Erde eine lotrechte Pressung $g = y\,\gamma$, wenn γ das spezifische Gewicht der Erde ist. Würde man die lotrechte Erdsäule über dem Element herausschneiden, so würde sie zerfallen, weil jedes Element dieser Säule unter dem Druck der über ihm befindlichen Last seitlich auszuweichen sucht. In jedem Element entstehen somit, unter der Einwirkung der lotrechten Drücke, seitliche Drücke, die man den lotrechten Drücken und daher der Tiefe unter der Geländeoberfläche proportional annimmt. Wir wollen sie mit $\varepsilon g = \varepsilon y \gamma$ bezeichnen, wobei ε einen noch zu bestimmenden Proportionalitätsfaktor bedeutet, der nur von der Materialbeschaffenheit abhängt. Für das Verhältnis der Seitenpressungen εg zu den sie verursachenden Pressungen g ist es somit ganz gleichgültig, worauf die Pressungen g zurückzuführen sind, ob auf das Gewicht der überlagernden Massen oder eine sonstige Kraftwirkung. Ebenso gleichgültig ist auch die Richtung der Pressungen g im Raum. Wirken sie wagrecht auf ein lotrechtes Flächenelement, so entstehen lotrechte Seitenpressungen auf die wagrechten Seitenflächen.

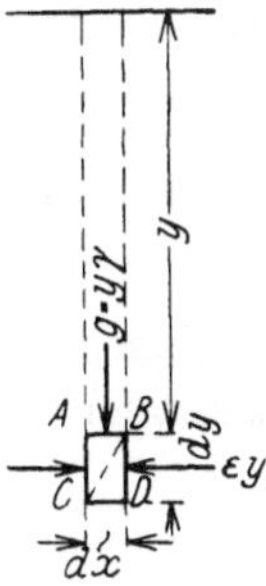

Im geschlossenen Erdkörper üben alle lotrechten Säulen, aus denen man sich den Erdkörper bestehend denken kann, solche Seitendrücke aus. Letztere heben sich aber, wenn der Erdkörper vollkommen gleichmäßig und in Ruhe ist, in gleichen Tiefen gegenseitig auf und verspannen die Erdsäulen gegen einander. Das Drucklinienfeld besteht aus lotrechten Schwerkraftlinien.

Abb. 1

2. Größe der wagrechten Seitenpressungen

Schneidet man aus der Tiefe y das unendlich kleine Erdelement der Abmessungen $dx \cdot dy \cdot 1$ heraus, so muß man sich zur Erhaltung seines Gleichgewichtes nach Abb. 1 auch die erwähnten Pressungen an ihm wirkend denken, denen es im geschlossenen Erdkörper ausgesetzt ist. Bei zu kleinen Seitenpressungen εg würde das Element dadurch zerstört, daß sich in ihm eine Gleitfläche ausbildet, auf welcher die obere Hälfte des Elementes abgleitet. Die Gleitfläche nehmen wir eben an; ihre Lage soll die Höhe dy des Elementes bestimmen. Der Faktor ε ist demnach so zu bestimmen, daß die erwähnte Zerstörung des Elementes nicht eintreten kann. Das Abgleiten wird verhindert, wenn die Resultierende aus den lotrechten Pressungen und den von ihnen verursachten wagrechten Seitenpressungen nach Abb. 2 unter keinem größeren als dem Reibungswinkel φ gegen die Gleitflächensenkrechte wirkt. Aus dem Kräfteplan ergibt sich die Gleichgewichtsbedingung $\dots\varepsilon g\,dx\,\mathrm{tg}\,\alpha = = g\,dx\,\mathrm{tg}\,(\alpha-\varphi)\dots$ und aus dieser für den vorläufig noch beliebigen Winkel α

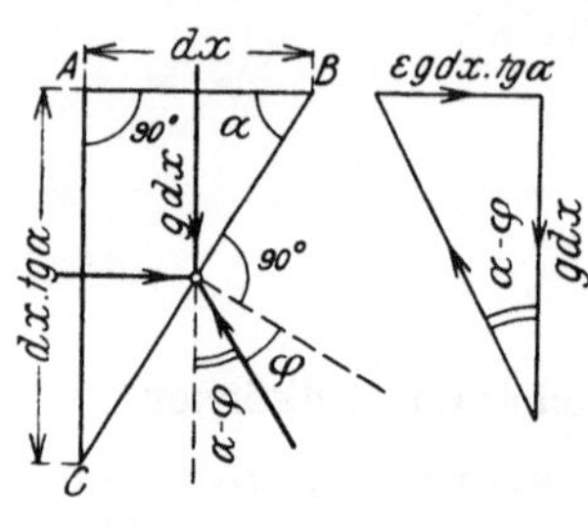

Abb. 2

$$(1)\qquad \varepsilon = \frac{\mathrm{tg}\,(\alpha-\varphi)}{\mathrm{tg}\,\alpha}$$

Für $\alpha = \varphi$ und $\alpha = 90^0$ wird $\varepsilon = 0$, für einen zwischenliegenden Wert α wird ε ein Größtwert. Berücksichtigt man diesen, so ist das Gleichgewicht des Elementes gesichert. Die Bedingung hiefür lautet

$$\frac{d\varepsilon}{d\alpha} = \frac{d\,\dfrac{\mathrm{tg}\,(\alpha-\varphi)}{\mathrm{tg}\,\alpha}}{d\alpha} = \frac{\dfrac{\mathrm{tg}\,\alpha}{\cos^2(\alpha-\varphi)} - \dfrac{\mathrm{tg}\,(\alpha-\varphi)}{\cos^2\alpha}}{\mathrm{tg}^2\,\alpha} = 0;$$

da aber $\alpha < 90^0$ sein muß und somit $\mathrm{tg}\,\alpha < \infty$, so kann man statt vorstehender Gleichung auch schreiben

$$\frac{\mathrm{tg}\,\alpha}{\cos^2(\alpha-\varphi)} = \frac{\mathrm{tg}\,(\alpha-\varphi)}{\cos^2\alpha},$$

woraus sich weiter ergibt

$$(2)\qquad \sin 2\alpha = \sin 2\,(\alpha-\varphi); \quad 2\alpha = 180 - 2\,(\alpha-\varphi) \quad\text{und}\quad \alpha = 45 + \frac{\varphi}{2}$$

Setzt man diesen Wert in Formel 1 ein, so erhält man

$$(3)\qquad \varepsilon = \frac{\mathrm{tg}\left(45 - \dfrac{\varphi}{2}\right)}{\mathrm{tg}\left(45 + \dfrac{\varphi}{2}\right)} = \mathrm{tg}^2\left(45 - \frac{\varphi}{2}\right)$$

Besondere Werte ε für verschiedene Reibungswinkel enthält Zusammenstellung 1, S. 6, und 10, S. 40.

Die wagrechten Pressungen in der Tiefe y sind somit

$$\varepsilon g = \varepsilon y \gamma = y\gamma \cdot \operatorname{tg}^2\left(45 - \frac{\varphi}{2}\right) \tag{4}$$

3. Erddruck eines wagrecht abgeglichenen Bodens auf eine lotrechte Wand

Denkt man sich den Erdboden durch einen lotrechten Schnitt bis zur Tiefe h durchschnitten und ohne Störung seiner bestehenden Spannungsverhältnisse auf der einen Schnittseite durch eine starre Wand ersetzt, so wird diese Wand die Seitendrücke der Elemente der an die Wand grenzenden Erdsäule aufnehmen müssen. Die Seitendrücke der einzelnen Erdsäulen werden sich auch weiter aufheben, da wir angenommen haben, daß das Gleichgewicht des Erdkörpers durch den Einbau der Wand nicht gestört wurde. Das Drucklinienfeld besteht noch aus lotrechten Schwerkraftlinien.

Da die Seitenpressungen $\varepsilon y \gamma$ der Tiefe y direkt proportional angenommen wurden, so wird der gesamte Erddruck auf die Wand nach

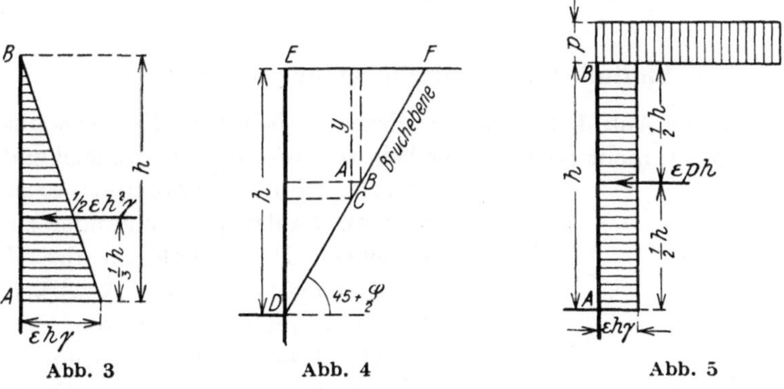

Abb. 3   Abb. 4   Abb. 5

Abb. 3 durch ein Dreieck dargestellt; sein Angriffspunkt liegt im unteren Drittelpunkt der Höhe, gemäß der Schwerpunktslage des Druckdreieckes. Der Erddruck auf die Wand ist somit gegeben durch die Formel

$$E_g = \frac{1}{2} h \cdot \varepsilon h\gamma = \frac{1}{2}\varepsilon h^2\gamma = \frac{1}{2} h^2\gamma \operatorname{tg}^2\left(45 - \frac{\varphi}{2}\right) \tag{5}$$

welche zu der Deutung verleitet, daß sich kohäsionsloses Erdreich wie eine Flüssigkeit vom spezifischen Gewicht $\varepsilon\gamma = \gamma \operatorname{tg}^2\left(45 - \frac{\varphi}{2}\right)$ verhält.

Würde die Wand nachgeben, so würde sich ein Erdkeil annähernd nach Abb. 4 ablösen. Die sich bildende Bruchfläche DF kann man sich aus den Gleitflächenelementen BC (Abb. 2 u. 4) nach Abb. 4 entstanden denken, wobei die wagrechten Seitendrücke der Erdsäulen y in der angedeutcten Weise auf die Wand übertragen werden.

4. Erddruck einer gleichmäßig verteilten Last auf eine lotrechte Wand

Belastet man das Gelände bis zur Wand gleichmäßig mit einer Last p, so erleidet jedes Element in jeder Tiefe eine lotrechte Pressung p und übt infolgedessen auch jedes Element eine Seitenpressung εp aus. Der Gesamterddruck $\varepsilon p h$ auf die Wand infolge der gleichmäßig verteilten Nutzlast p ist somit gegeben durch eine Rechteckfläche (Abb. 5) und die Formel

$$(5\,\mathrm{a}) \qquad E_p = \varepsilon p h = p h \, \mathrm{tg^2}\left(45 - \frac{\varphi}{2}\right)$$

Sein Angriffspunkt liegt in der Höhe des Schwerpunktes der Rechteckfläche, somit in halber Höhe. Auch das Drucklinienfeld der gleichmäßig verteilten Nutzlast besteht aus lotrechten Schwerkraftlinien, wenn sich die Belastung ins Unendliche erstreckt.

5. Einfluß der Wandreibung auf den Erddruck

Ist die in Abb. 1 behandelte Erdsäule belastet, die benachbarten Säulen dagegen nicht oder minder belastet (wie dies bei ungleichmäßiger Druckverteilung vorkommt), so suchen sich die Säulen gegeneinander zu verschieben. Dem Abgleiten des Keiles ABC längs BC (Abb. 1) wirken daher dann keine senkrechten, sondern schiefe Pressungen entgegen, deren Neigungswinkel φ_1 gegen die Senkrechte höchstens gleich sein kann dem Reibungswinkel (Abb. 6, $\varphi_1 \leqq \varphi$). Aus dem Kräfteplan ergibt sich

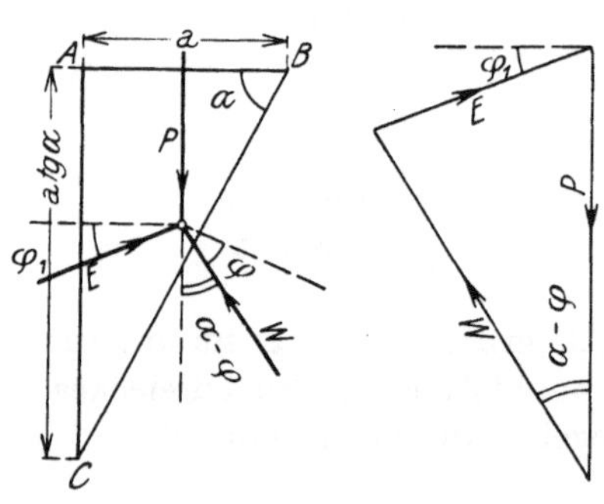

Abk. 6

$$E = P \frac{\sin(\alpha - \varphi)}{\cos(\alpha - \varphi - \varphi_1)}$$

und daraus die Pressung von AC mit

$$(6) \qquad \varepsilon' p = \frac{E}{a \, \mathrm{tg}\, \alpha} = \frac{P}{a} \cdot \frac{\sin(\alpha - \varphi)}{\cos(\alpha - \varphi - \varphi_1)\, \mathrm{tg}\, \alpha} = p \frac{\sin(\alpha - \varphi)}{\cos(\alpha - \varphi - \varphi_1)\, \mathrm{tg}\, \alpha}$$

Soll das Gleichgewicht erhalten bleiben, so muß mit einem Größtwert von

$$\frac{E}{a\,\operatorname{tg}\alpha} = \frac{\sin(\alpha - \varphi)}{\cos(\alpha - \varphi - \varphi_1)\,\operatorname{tg}\alpha} =$$

$$= \frac{\sin(\alpha - \varphi - \varphi_1)\cos\varphi_1 + \cos(\alpha - \varphi - \varphi_1)\sin\varphi_1}{\cos(\alpha - \varphi - \varphi_1)\,\operatorname{tg}\alpha}$$

gerechnet werden, welche Bedingung man auch in der Form schreiben kann

$$\operatorname{tg}(\alpha - \varphi - \varphi_1)\cot\alpha + \cot\alpha\,\operatorname{tg}\varphi_1 = \max$$

Es muß somit sein

$$\frac{\cot\alpha}{\cos^2(\alpha - \varphi - \varphi_1)} - \frac{\operatorname{tg}(\alpha - \varphi - \varphi_1)}{\sin^2\alpha} - \frac{\operatorname{tg}\varphi_1}{\sin^2\alpha} = 0,$$

$$\sin\alpha\cos\alpha - \sin(\alpha - \varphi - \varphi_1)\cos(\alpha - \varphi - \varphi_1) - $$
$$- \operatorname{tg}\varphi_1\cos^2(\alpha - \varphi - \varphi_1) = 0,$$

$$\sin 2\alpha - \sin 2(\alpha - \varphi - \varphi_1) - \operatorname{tg}\varphi_1[1 + \cos 2(\alpha - \varphi - \varphi_1)] = 0$$

$$\sin 2\alpha\cos\varphi_1 - \sin(2\alpha - 2\varphi - \varphi_1) - \sin\varphi_1 = 0 \qquad (7)$$

Aus dieser Gleichung ist für gegebene Werte φ und φ_1 der Winkel α zu rechnen und hierauf nach Gl. 6

$$\varepsilon' = \frac{\sin(\alpha - \varphi)}{\cos(\alpha - \varphi - \varphi_1)\,\operatorname{tg}\alpha}$$

Für $\varphi_1 = 0$ gibt die Gleichung den bekannten Wert $a = 45 + \dfrac{\varphi}{2}$

(s. Gl. 2); für $\varphi_1 = \varphi$ geht die Gleichung über in

$$\sin 2\alpha\cos\varphi - \sin(2\alpha - 3\varphi) - \sin\varphi = 0 \text{ oder}$$
$$\sin 2\alpha(\cos\varphi - \cos 3\varphi) + \cos 2\alpha\sin 3\varphi = \sin\varphi \qquad (8)$$

und Gleichung 6 geht über in

$$\varepsilon' = \frac{\sin(\alpha - \varphi)}{\cos(\alpha - 2\varphi)\,\operatorname{tg}\alpha} \qquad (6\,\mathrm{a})$$

Bezeichnet man $\cos\varphi - \cos 3\varphi = A$, $\sin 3\varphi = B$, $\sin\varphi = C$, so kann man die Gl. 8 umformen in die Gleichung

$$(A^2 - C^2)\operatorname{tg}^2 2\alpha + 2AB\operatorname{tg}2\alpha + B^2 - C^2 = 0$$

aus der sich ergibt

$$\operatorname{tg}2\alpha = \frac{-AB}{A^2 - C^2} - \sqrt{\left(\frac{AB}{A^2 - C^2}\right)^2 - \frac{B^2 - C^2}{A^2 - C^2}} \qquad (9)$$

In Zusammenstellung 1 sind die Werte ε' den Werten ε nach Gl. 3 gegenübergestellt.

Setzungen des Erdreiches oder eine Drehung der Wand unter dem Einflusse des Erddruckes rufen Reibungen zwischen Wand und Erdreich hervor, die auch eine Neigung und die eben berechnete Verringerung des

Zusammenstellung 1

Nach Gl.	Zu Abb.		$\varphi = 20$	25	30	32	35	40	45	
3	2	$\varepsilon = \mathrm{tg}^2\left(45 - \dfrac{\varphi}{2}\right)$	0,490	0,406	0,333	0,307	0,271	0,217	0,172	Die Werte φ verschiedener Bodenarten enthält Zusammenstellung 10, S. 40
18	12	$\varepsilon_1 = \dfrac{1}{\varepsilon} = \mathrm{tg}^2\left(45 + \dfrac{\varphi}{2}\right)$	2,04	2,46	3,00	3,25	3,69	4,60	5,82	
9	6	α	47°40'	51°16'	54°20'	55°39'	57°24'	60°26'	63°26'	schiefe Seitenpressungen für $\varphi_1 = \varphi$
6a		$\varepsilon' = \dfrac{\sin(\alpha - \varphi)}{\cos(\alpha - 2\varphi)}\,\cot\alpha$	0,422	0,355	0,299	0,283	0,250	0,210	0,177	

Erddruckes bewirken. Müller-Breslau[1] empfiehlt aber, den Erddruck eines wagrecht abgeglichenen Bodens auf eine lotrechte Wand trotzdem nach der Gleichung 5 zu rechnen, den Erddruck aber schräg wirkend anzunehmen. Betreffs der Neigung der Erddruckrichtung empfiehlt Möller[2] unter gewöhnlichen Verhältnissen $\varphi_1 = \dfrac{2}{3}\,\varphi$ anzunehmen.

6. Wirkung schiefer Drücke auf Wände und ihre Beeinflussung durch letztere

So lang ein Druck eine Wand senkrecht trifft, wirkt nur er allein auf die Wand; sobald aber der Druck von der Mauersenkrechten abweicht, wirkt neben einer Teilkraft dieses Druckes auch eine Teilkraft der von ihm hervorgerufenen Seitenpressungen.

Die Pressung p der Fläche $A\,B$ erzeugt Seitenpressungen εp in der

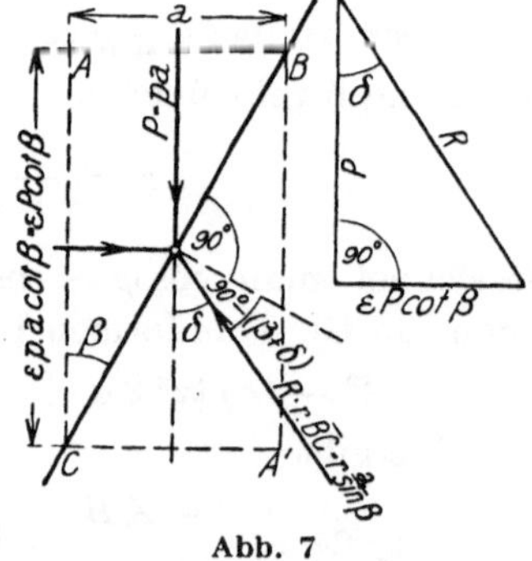

Abb. 7

Fläche $A\,C$, der Druck $P = pa$ auf $A\,B$ einen Seitendruck $\varepsilon\,P \cot\beta$

---

[1] Müller-Breslau, „Erddruck auf Stützmauern"

[2] Möller, Erddrucktabellen

(Abb. 7) auf AC. Zu einer Schlußkraft vereinigt geben diese Drücke P und $\varepsilon\,P\cot\beta$ den schiefen Druck R auf BC, dessen Richtung nach dem Kräfteplan (Abb. 7) gegeben ist durch die Gleichung

$$\operatorname{tg}\delta=\frac{\varepsilon\,P\cot\beta}{P}=\varepsilon\cot\beta \tag{10}$$

Als besondere Werte ergeben sich für $\beta = 90^0$, $\delta = 0$, für $\beta = 45^0$ $\ldots\operatorname{tg}\delta=\varepsilon$, für $\beta = 0\ldots\delta = 90^0$. Für beliebige Werte β läßt sich die Ablenkung nach Abb. 8 auch leicht zeichnerisch ermitteln. Man zieht im Abstand ε eine Parallele zur Wand, bestimmt ihren Schnitt B mit der Richtung des Druckes P, fällt von B ein Lot BC auf die Wand, zieht einen Kreisbogen mit A als Mittelpunkt und AC als Halbmesser bis zum Schnitt D mit der Senkrechten zur Druckrichtung und trägt auf der Parallelen DF zur Druckrichtung 1 auf, so gibt AF die gesuchte Ablenkung; denn $EF = AD = AC = \varepsilon\cot\beta$ und $\operatorname{tg}\delta=\dfrac{\varepsilon\cot\beta}{1}=\varepsilon\cot\beta$ entsprechend der Gleichung 10. Trägt man dann in der Druckrichtung von A aus $P = AG$ auf, so erhält man in $AH = R$ auch die Größe des auf die Wand wirkenden schiefen Druckes R.

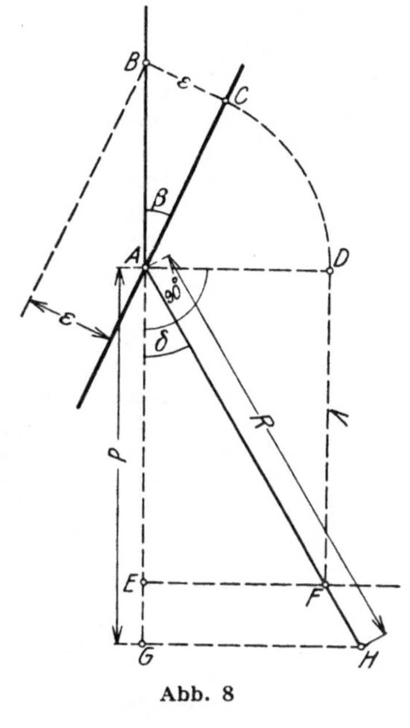

Abb. 8

Rechnerisch ergibt sich aus Abb. 7

$$R=\sqrt{P^2+\varepsilon^2\,P^2\cot^2\beta}=P\sqrt{1+\varepsilon^2\cot^2\beta}=$$
$$=P\sqrt{1+\operatorname{tg}^2\delta}=P\sec\delta \tag{11}$$

Trifft somit ein Druck P eine Wand unter einem Winkel β (Abb. 8), so wird er durch die Wand um einen Winkel δ ($\operatorname{tg}\delta=\varepsilon\cot\beta$) von seiner Richtung abgelenkt und wächst auf die Größe $R = P\sec\delta$ an. Die zur Wand senkrechte Teilkraft ergibt sich aus

$$R'=R\sin(\beta+\delta)=P\sec\delta\sin(\beta+\delta) \tag{11 a}$$

und die in der Wandrichtung aus

$$R''=R\cos(\beta+\delta)=P\sec\delta\cos(\beta+\delta) \tag{11 b}$$

Eine bildliche Darstellung der Werte $100\,\dfrac{R'}{P}$ und $100\,\dfrac{R''}{P}$ gibt Abb. 9, Zusammenstellung 2 enthält besondere Werte.

Zusammenstellung 2. Schiefe Drücke gegen eine Wand, ihre Ablenkung δ durch letztere und ihre Teilkräfte senkrecht zur Wand und in der Wandflucht (hiezu Abb. 7 und 9)

	φ	$\beta = 20$	30	40	50	60	70	80	90°
Ablenkung δ des Druckes von seiner Richtung für φ	20°	53° 23′	40° 19′	30° 17′	22° 21′	15° 48′	10° 7′	4° 56′	0°
	25°	48° 7′	35° 7′	25° 49′	18° 49′	13° 12′	8° 24′	4° 6′	0°
	30°	42° 29′	30° 0′	21° 40′	15° 38′	10° 53′	6° 55′	3° 22′	0°
	32°	40° 8′	28° 0′	20° 6′	14° 27′	10° 0′	6° 23′	3° 0′	0°
	35°	36° 40′	25° 9′	17° 54′	12° 49′	8° 53′	5° 38′	2° 44′	0°
	40°	30° 48′	20° 36′	14° 30′	10° 19′	6° 25′	4° 31′	2° 11′	0°
	45°	25° 18′	16° 35′	11° 35′	8° 13′	5° 40′	3° 35′	1° 44′	0°
Teilkraft senkrecht zur Wand $100\,\dfrac{R'}{P} = 100\sec\delta\sin(\beta+\delta)$	20		123,5	109,0	103,0	100,7	100,1	100,0	100
	25	139,0	110,9	101,3	98,5	98,3	99,0	99,7	100
	30	120,3	100,0	94,7	94,6	96,2	98,1	99,5	100
	32	113,4	96,0	92,3	93,2	95,4	97,8	99,3	100
	35	104,2	90,7	89,0	91,2	94,4	97,3	99,3	100
	40	90,2	82,6	84,1	88,3	92,2	96,7	99,2	100
	45	78,6	75,8	80,0	85,9	91,6	96,1	99,0	100
Teilkraft in der Wandflucht $100\,\dfrac{R''}{P} = 100\sec\delta\cos(\beta+\delta)$	20		44,2	39,1	32,8	25,5	17,4	8,9	0
	25	55,8	51,4	45,5	38,2	29,7	20,3	10,3	0
	30	62,7	57,7	51,1	42,8	33,4	22,8	11,6	0
	32	65,1	60,0	53,1	44.5	34,7	23,7	12,2	0
	35	68,5	63,1	55,8	46,8	36,5	24,9	12,7	0
	40	73,6	67,8	60,0	50,3	40,3	26,8	13,6	0
	45	77,9	71,7	63,4	53,2	41,4	28,3	14,4	0

Die Anwendung dieser Zusammenstellung wird später auf S. 44, 47 und 92 an Beispielen erläutert.

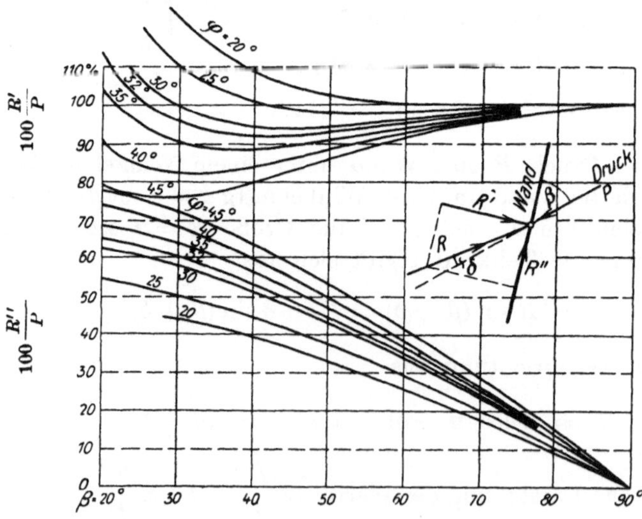

Abb. 9. Wirkung schiefer Drücke. Ihre Teilkraft senkrecht zur Wand $100\,\dfrac{R'}{P}$ und in der Wandflucht $100\,\dfrac{R''}{P}$ (in Prozent des schiefen Druckes)

7. Die schiefen Pressungen

der Fläche BC (Abb. 7) in der Richtung des abgelenkten Druckes ergeben sich nach Gleichung 11 aus

$$r = \frac{R}{BC} = \frac{P\sqrt{1 + \varepsilon^2 \cot^2 \beta}}{\dfrac{a}{\sin \beta}} = p\sqrt{\sin^2 \beta + \varepsilon^2 \cos^2 \beta} \tag{12}$$

sie stellen für verschiedene Lagen der Wand zur Druckrichtung eine Ellipse dar, deren Halbachsen p und εp sind. Die Mittelpunktsgleichung dieser Ellipse ist somit

$$\frac{x^2}{p^2} + \frac{y^2}{\varepsilon^2 p^2} = 1 \tag{13}$$

Man kann somit aus dieser Ellipse (die gegeben ist, sobald φ oder $\varepsilon = \operatorname{tg}^2 (45 - \frac{\varphi}{2})$ bekannt ist) für jede gegebene Wandlage (gegebenen Winkel β) nach Bestimmung von δ (nach Abb. 8) die schiefe Pressung r der Wand in der Richtung des abgelenkten Druckes und damit auch die Pressungen senkrecht zur Wand ermitteln. (In Abb. 10 sind die Tangenten t_1 an die Ellipse gleichlaufend mit der Wand, die Tangenten t_2 gleichlaufend mit der Richtung des abgelenkten Druckes. Der in die Wandrichtung fallende Ellipsendurchmesser AC und der in die abgelenkte Druckrichtung fallende Durchmesser BD sind zugeordnete Durchmesser der Ellipse.)

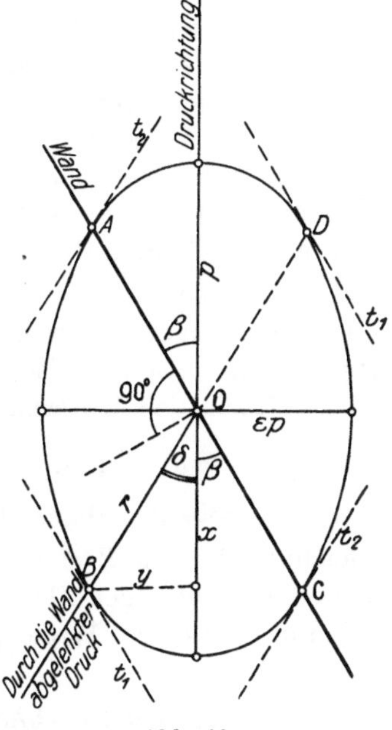

Abb. 10

Will man die Pressungen rechnerisch ermitteln, so ist zunächst nach Gleichung 11

$$R = P \sec \delta; \quad \text{daher ist} \quad r = \frac{R}{\dfrac{a}{\sin \beta}} = p \sin \beta \sec \delta \quad \text{(Abb. 7)}.$$

Die Pressung senkrecht zur Wand ist

$$\left.\begin{aligned} r' &= r \sin (\beta + \delta) = p \frac{\sin \beta}{\cos \delta} \sin (\beta + \delta) = p (\sin^2 \beta + \sin \beta \cos \beta \operatorname{tg} \delta) = \\ &= (\sin^2 \beta + \varepsilon \cos^2 \beta)\, p = [1 - (1 - \varepsilon) \cos^2 \beta]\, p \quad \text{oder} \\ r' &= \frac{1}{2} [(1 + \varepsilon) - (1 - \varepsilon) \cos 2\beta]\, p \end{aligned}\right\} \tag{14}$$

8. Ablenkung schiefer Drücke an der Trennfläche
zweier Bodenarten

Es sei BC in Abb. 7 eine solche trennende Fläche. Auf der Seite A sei ein Boden mit dem kleineren Reibungswinkel φ, also dem größeren Werte ε; dem Boden auf der Seite A' möge $\varepsilon' < \varepsilon$ entsprechen. Dann wirkt auf die Fläche BC der Druck $P = p\,a$, und senkrecht hiezu der Unterschied der Seitenpressungen $(\varepsilon - \varepsilon')\,P \cot\beta$, welche den Druck (entsprechend Gl. 10) um den Winkel $\operatorname{tg}\delta = (\varepsilon - \varepsilon')\cot\beta$ ablenken. So lange $\varepsilon > \varepsilon'$ (d. h. wenn der Druck aus einem Boden geringerer Reibung in einen größerer Reibung übergeht) ist δ positiv, d. h. der Druck wird zum Lot (auf BC) abgelenkt, wie in Abb. 7 dargestellt. Würde aber der Druck aus einem Boden größerer Reibung in einen kleinerer Reibung übergehen, also $\varepsilon < \varepsilon'$ (bspw. beim Übergang des Druckes aus der Gleisbettung in den Unterbau), so wird $\delta < \theta$, d. h. der Druck wird vom Lot (auf BC) gegen die Trennfläche zu abgelenkt. Diese Ablenkung vom Lot kann aber nach Abb. 7 höchstens gleich werden $\delta = -\beta$. Setzt man diesen Wert in vorstehender Gleichung ein, so erhält man als Bestimmungsgleichung für den Grenzwinkel β, bei dem noch eine Ablenkung stattfinden kann, $\operatorname{tg}^2\beta_0 = \varepsilon' - \varepsilon$ oder $\operatorname{tg}\beta_0 = \sqrt{\varepsilon' - \varepsilon}$. Sinkt β unter diesen Wert, so muß eine Reflexion eintreten.[1] Dieser Grenzwinkel ergibt sich beispielsweise beim Übergang aus der Bettung ($\varphi = 45^0$, $\varepsilon = 0{,}172$) in den Unterbau ($\varphi = 35^0$, $\varepsilon' = 0{,}271$) mit

$$\operatorname{tg}\beta_0 = \sqrt{0271 - 0172} = 0{,}314, \text{ d. h. } \beta_0 = 17^0\,26'.$$

Die Größe des abgelenkten schiefen Druckes ergibt sich wieder nach Gleichung 11 aus $R = P\sqrt{1 + (\varepsilon - \varepsilon')^2 \cot^2\beta} = P\sqrt{1 + \operatorname{tg}^2\delta} = P \sec\delta$; auch die Gleichungen 11a und 11b gelten.

Für eine starre Wand gilt $\varepsilon' = 0$.

9. Druckverhältnisse im ansteigenden Gelände
(im unendlichen Erdkörper)

Steigt die Geländeoberfläche unter einem Winkel ω an (Abb. 11), so kann ein $\Diamond$ Element 1, dessen Begrenzungsflächen lotrecht und parallel zur Geländeoberfläche sind, durch Pressungen parallel zu seinen Seitenflächen im Gleichgewicht erhalten werden. Lotrecht wirkende Kräfte werden somit auf den lotrechten Seitenflächen des Elementes 1 zur Geländeoberfläche parallele Seitendrücke hervorrufen. Der Erddruck

---

[1] Dieses Verhalten erinnert an die Lichtbrechungsgesetze. Auch der Lichtstrahl wird bekanntlich beim Übergang aus einem dünneren in ein dichteres Mittel zum Lot, beim umgekehrten Übergang vom Lot abgelenkt; bei einem Grenzwinkel β_0 tritt totale Reflexion ein.

infolge des Eigengewichtes oder einer über die ganze Oberfläche gleich-mäßig verteilten Nutzlast ist daher parallel zur Geländeoberfläche und Flächen parallel zu letzterer sind lotrechten Drücken ausgesetzt, so lange der Erdkörper in Ruhe ist. Die Pressungen parallel zur Gelände-oberfläche heben sich in jeder Tiefenschichte gegenseitig auf. Die Lot-rechte und die Richtung der Geländeoberfläche sind zugeordnete Durch-messer der Druckellipse.

Das □ Erdelement 2 mit lot- und wagrechten Begrenzungsflächen kann nicht durch Pressungen allein im Gleichgewicht erhalten werden, die parallel zu seinen Begrenzungsflächen, somit senkrecht auf sie wirken, denn die Seitendrücke auf die lotrechten Flächen sind infolge der Gelände-

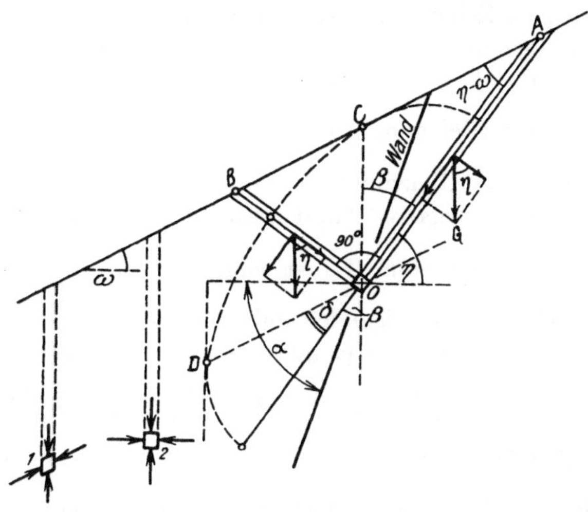

Abb. 11

neigung verschieden groß. Dreht man aber das Erdteilchen, so wird es schließlich bei einer bestimmten Größe η (Abb. 11) auch durch Pressungen im Gleichgewicht erhalten werden können, die parallel zu seinen Begren-zungsflächen, somit senkrecht aufeinander wirken. Diese Lage, die den Hauptachsen der Druckellipse entspricht, kann man aus letzterer ab-leiten. Nach Gleichung 10 ist tg δ tg $\beta = \varepsilon$; setzt man hierin $\beta = 90 - \eta$ und $\delta = \eta - \omega$, so erhält man als Bestimmungsgleichung für η

$$\text{tg}\,(\eta - \omega)\,\cot \eta = \varepsilon \qquad (15)$$

Zu demselben Ergebnis kommt man nach Abb. 11 auch durch folgende Überlegung. Das Gewicht G der Erdsäule OA vom Querschnitt 1 wirkt in der Richtung OA mit seiner Teilkraft $G \sin \eta$ und diese erzeugt in der Richtung OB (senkrecht zu OA) einen Seitendruck $\varepsilon G \sin \eta$. Das Gewicht G tg $(\eta - \omega)$ der Erdsäule OB vom Querschnitt 1 wirkt in der

Richtung OB mit der Teilkraft $G \operatorname{tg}(\eta - \omega) \cos \eta$. Soll das Erdteilchen im Gleichgewicht bleiben, so muß $\varepsilon G \sin \eta = G \operatorname{tg}(\eta - \omega) \cos \eta$, woraus sich wieder ergibt

$$(15) \qquad \operatorname{tg}(\eta - \omega) \cot \eta = \varepsilon$$

Entwickelt man diese Gleichung nach $\operatorname{tg} \eta$, so erhält man

$$\operatorname{tg}^2 \eta - \frac{1 - \varepsilon}{\varepsilon \operatorname{tg} \omega} \operatorname{tg} \eta + {}^1/_2 = 0$$

und

$$(16) \qquad \operatorname{tg} \eta = \frac{\varepsilon_1 - 1}{2 \operatorname{tg} \omega} \pm \sqrt{\left(\frac{\varepsilon_1 - 1}{2 \operatorname{tg} \omega}\right)^2 - \varepsilon_1}$$

Das obere $(+)$ Zeichen der Wurzel gilt für positive Werte ω (von der Mauer ansteigendes Gelände), das untere $(-)$ für negative Werte ω (von der Mauer abfallendes Gelände).

Für $\omega = \varphi$ gibt Gleichung 16 $\eta = 45 + \dfrac{\varphi}{2}$. Der Ausdruck unter dem Wurzelzeichen in Gleichung 16 verschwindet für $\omega = \varphi$ und wird für größere Werte ω negativ, damit würde η imaginär. Werte $\omega > \varphi$ haben aber auch keinen Sinn. Es ist somit $\eta \geqq 45 + \dfrac{\varphi}{2}$. Das Drucklinienfeld eines ebenen, ansteigenden unbelasteten oder über seine ganze Länge gleichmäßig belasteten Geländes besteht aus Geraden, die gegen die Wagrechte unter dem Winkel $\eta \geqq 45 + \dfrac{\varphi}{2}$ geneigt sind. Der wagrechten Geländeoberfläche $\omega = 0$ entspricht $\eta = 90^0$, dem natürlich geböschten Gelände $(\omega = \varphi)$ der kleinst mögliche Winkel $\eta = 45 + \dfrac{\varphi}{2}$.

10. Druck auf eine geneigte Wand (zu Abb. 11)

Auf eine unter dem Winkel α gegen die Wagrechte geneigte Wand ergibt sich die schiefe Pressung r (Abb. 10) in der lotrechten Tiefe y unter der Geländeoberfläche nach Häseler[1] aus

$$(17) \qquad r = y \gamma \cos \omega \cos \eta \, \frac{\cos(\alpha - \eta)}{\sin(\eta - \omega)} \sqrt{\operatorname{tg}^2 \eta \operatorname{tg}^2(\alpha - \eta) + \operatorname{tg}^2(\eta - \omega)}$$

Darin ist η gegeben durch Gleichung 16, die Druckrichtung $\beta + \delta$ aus Gleichung 10, wenn man $\beta = \alpha - \eta$ setzt.

Für $\omega = \varphi$ wird $\eta = 45 + \dfrac{\varphi}{2}$ und

---

[1] Handbuch der Ingenieurwissenschaften I², Häseler, „Stütz- und Futtermauern", Aufl. 1897.

$$r = y\,\gamma\,\cos\varphi\,\cot\left(45 - \frac{\varphi}{2}\right)\sin\left(\alpha - \frac{\varphi}{2} - 45^0\right) \cdot$$

$$\sqrt{\varepsilon_1\,\mathrm{tg}^2\!\left(\alpha - \frac{\varphi}{2} - 45^0\right) + \varepsilon} \qquad\qquad \text{(17 a)}$$

Für $\alpha = 90^0$ wird $r = y\,\gamma\,\cos\omega\,\dfrac{\sin 2\,\eta}{\sin 2\,(\eta - \omega)}$ $\qquad$ (17 b)

und für $\alpha = 90^0$ und $\omega = \varphi$ $\qquad r = y\,\gamma\,\cos\varphi$ $\qquad\qquad$ (17 c)

11. Erdwiderstand eines wagrecht abgeglichenen Bodens gegenüber einer lotrechten Wand

Wirkt auf die Fläche $A\,C$ in Abb. 1 eine wagrechte Pressung $p > \varepsilon\,y\gamma$, so ruft diese lotrechte Seitenpressungen $\varepsilon\,p$ hervor, die höchstens bis zum Maß $y\gamma$, der durch die überlagernden Erdmassen verursachten Pressung, anwachsen können. (Wenn man von der seitlichen Reibung absieht oder ein ganzer, aus solchen Säulen bestehender Körper gehoben wird.) Mit dem Erreichen dieser größten Pressung p ist der Widerstand des Erdkörpers erschöpft; man nennt diesen Grenzwert den passiven Erddruck oder besser nach Krey den Erdwiderstand. Er ergibt sich aus der Bedingung

$$\varepsilon\,p = y\,\gamma \ \text{ mit } p = \frac{1}{\varepsilon}\,y\,\gamma = \varepsilon_1\,y\gamma \ \text{ worin } \varepsilon_1 = \mathrm{tg}^2\!\left(45 + \frac{\varphi}{2}\right) \qquad (18)$$

Besondere Werte von ε_1 für verschiedene Werte φ enthält Zusammenstellung 1, S. 6.

Für eine bis zur wagrechten Geländeoberfläche reichende Wand der Höhe h ist der Erdwiderstand

$$E = \frac{1}{2}\,h \cdot \varepsilon_1\,h\,\gamma = \frac{1}{2}\,\varepsilon_1\,h^2\,\gamma \qquad\qquad (19)$$

Man kann sich dabei vorstellen, daß durch jedes Wandelement eine Erdsäule nach Abb. 12 gehoben wird. Wäre die Bruchfläche $A\,C$ eben, so würden alle Erdsäulen gleichmäßig gehoben und es wäre demnach kein Grund zu gegenseitiger Reibung, wenn der Erdkeil gleich-

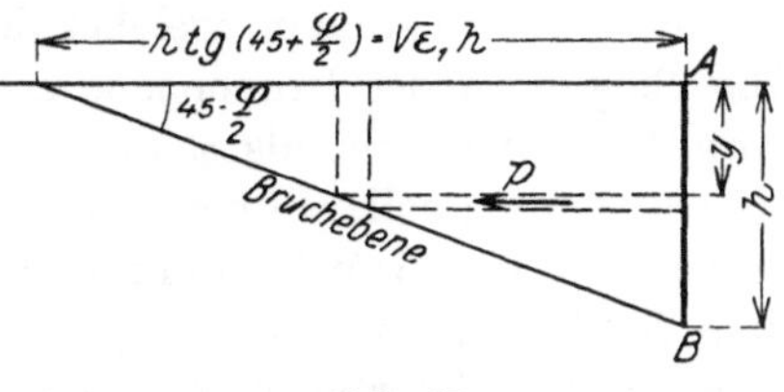

Abb. 12

mäßig dicht bliebe. Formel 18 setzt ferner voraus, daß zwischen der Wand $A\,B$ und dem zu hebenden Erdkeil $A\,B\,C$ keine Reibung auftritt. Eine allfällige Wandreibung müßte den Erdwiderstand erhöhen.

Da der Erdwiderstand der Tiefe y proportional angenommen wurde, so läßt sich der Erdwiderstand der Wand h durch ein Dreieck mit der Grundlinie $\varepsilon_1 h\gamma$ und der Höhe h darstellen; der Angriffspunkt liegt daher im Drittel der Höhe (Abb. 13).[1] Die Lage der Bruchebene in Abb. 12 ergibt sich, wenn man Abb. 2 um 90⁰ dreht. Der lotrechten Pressung g in Abb. 2 entspricht die wagrechte Pressung p in Abb. 12. Eine gleichmäßige

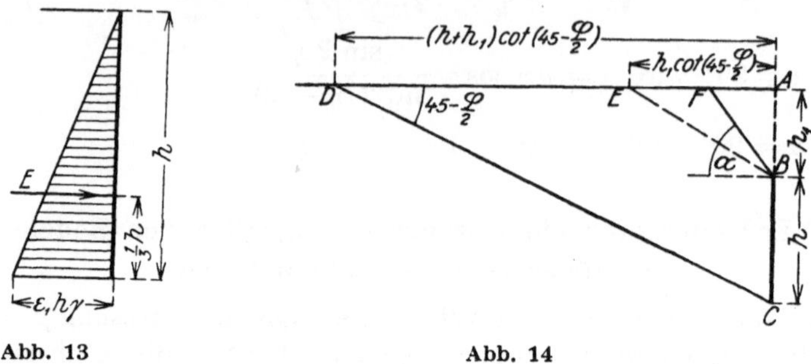

Abb. 13   Abb. 14

Belastung p des Geländes würde den Erdwiderstand (sinngemäß nach Gleichung 5 a) erhöhen um

(19 a)
$$E_p = \varepsilon_1\, p\, h$$

mit gleichmäßiger Druckverteilung über der Wand.

12. Der Erdwiderstand einer überschütteten Wand (Abb. 14)

muß größer sein als der Unterschied der Erdwiderstände der Wände AC und $A\,B$, denn dem Erdwiderstand der Wand AC entspricht der Bruchkeil ACD, dem Erdwiderstand der Wand AB der Bruchkeil ABE. Der Unterschied, welcher der Wand BC entsprechen würde, wäre somit $BCDE$. Würde nur dieser letztere Erdkörper durch die Wand BC hinausgeschoben, so wäre neben dem Gewicht $BCDE$ noch die Reibung entlang BE zu überwinden. Würde ein größerer Erdkörper $BCDF$ hinausgeschoben, so würde zwar die hinauszuschiebende Last größer, die Reibung entlang BF aber kleiner. Es wird sich somit eine solche Lage der Bruchebene BF herausbilden, welcher der geringste Erdwiderstand entspricht. Die Neigung α der Bruchebene BF gegen die Wagrechte muß nach der Abb. 15 größer sein als φ $(\alpha > \varphi)$, wenn überhaupt ein Erdkeil ABF stehen bleiben soll. Für $\alpha = \varphi$ wäre W_2 lotrecht, für $\alpha < \varphi$ nach links ansteigend und würde somit den ganzen Keil ABF mitnehmen. Aus dem Kräfteplan in Abb. 15 geht ferner hervor, daß der Erdwiderstand $E = \overline{4,5}$ am kleinsten wird, wenn $\overline{1,5} = G_1\,\mathrm{tg}\,(\alpha - \varphi)$ am größten wird, denn $\overline{1,4} = (G + G_1)\,\mathrm{tg}\left(45 + \dfrac{\varphi}{2}\right)$ ist eine gegebene Größe. (G ist das Gewicht des Erdkörpers $BCDF$, G_1 das Gewicht von ABF). Bezeichnet man $\overline{AF}$ mit x, so ist $G_1 = \dfrac{1}{2}\,x\,h_0\,\gamma = \dfrac{1}{2}\,h_0{}^2\cot\alpha\,.\,\gamma$ und die Bedingung

---

[1] Siehe S. 78.

für die Neigung α der Bruchebene BF lautet somit $G_1 \operatorname{tg}(\alpha - \varphi) =$

$= \frac{1}{2} h_1{}^2 \gamma \cot \alpha \operatorname{tg}(\alpha - \varphi) = \max$, oder was dasselbe ist,

$$\cot \alpha \operatorname{tg}(\alpha - \varphi) = \max \tag{20}$$

Das ist dieselbe Bedingung, die sich beim Erddruck in Gleichung 1 er-

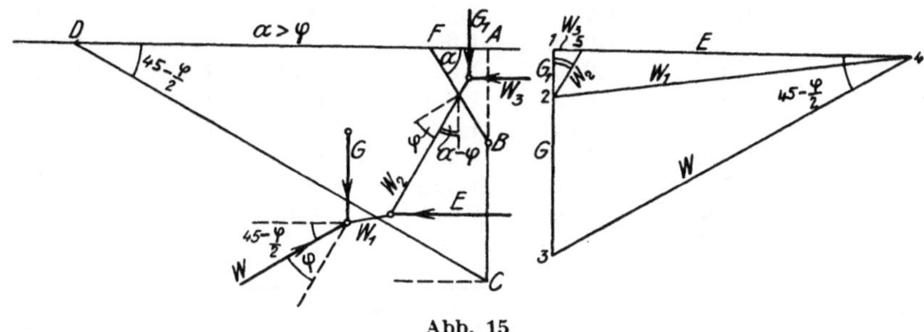

Abb. 15

geben hat; es ist somit wie dort $\alpha = 45 + \frac{\varphi}{2}$. Das Gewicht des hinaus

zuschiebenden Erdkörpers ist

$$G = \frac{1}{2}(h + h_1)_1{}^2 \gamma \operatorname{tg}\left(45 + \frac{\varphi}{2}\right) - \frac{1}{2} h_1{}^2 \gamma \operatorname{tg}\left(45 - \frac{\varphi}{2}\right)$$

und somit der Erdwiderstand

$$\left.\begin{aligned}
E = G \operatorname{tg}\left(45 + \frac{\varphi}{2}\right) &= \frac{\varepsilon_1}{2}(h + h_1)^2 \gamma - \frac{1}{2} h_1{}^2 \gamma = \frac{\varepsilon_1}{2} \gamma\left[(h + h_1)^2 -\right. \\
- \varepsilon h_1{}^2] &= \frac{\varepsilon_1}{2} \gamma (h + h_1)^2 \left[1 - \varepsilon\left(\frac{h_1}{h + h_1}\right)^2\right] = \mu \frac{\varepsilon_1}{2} \gamma (h + h_1)^2
\end{aligned}\right\} \tag{21}$$

$$\text{wenn } \mu = 1 - \varepsilon\left(\frac{h_1}{h + h_1}\right)^2$$

während gewöhnlich der Erdwiderstand angenommen wird mit

$$E = \frac{\varepsilon_1}{2} \gamma\left[(h + h_1)^2 - h_1{}^2\right] = \frac{\varepsilon_1}{2} \gamma (h + h_1)^2 \left[1 - \left(\frac{h_1}{h + h_1}\right)^2\right]$$

Der Erdwiderstand einer überschütteten Mauer ist somit größer als der Unterschied der Erdwiderstände der Wände $h + h_1$ und h_1, und zwar im Verhältnis

$$\nu = \frac{\varepsilon_1 (h + h_1)^2 - h_1{}^2}{\varepsilon_1 \left[(h + h_1)^2 - h_1{}^2\right]} = \frac{1 - \varepsilon\left(\dfrac{h_1}{h + h_1}\right)^2}{1 - \left(\dfrac{h_1}{h + h_1}\right)^2} \tag{22}$$

Zusammenstellung 3. Werte ν und μ zur Berechnung des Erdwiderstandes überschütteter Wände (zu Abb. 14)

$h_1 =$ Überschüttungshöhe, $h =$ Wandhöhe

$\dfrac{h_1}{h + h_1}$	ν für					
	$\varphi = 20$	25	30	35	40	45°
0	1,00	1,00	1,00	1,00	1,00	1,00
0,1	1,005	1,006	1,007	1,007	1,008	1,008
0,2	1,021	1,025	1,028	1,030	1,033	1,035
0,3	1,050	1,059	1,066	1,072	1,077	1,082
0'4	1,097	1,113	1,127	1,139	1,149	1,158
0,5	1,170	1,198	1,222	1,243	1,261	1,276
0,6	1,287	1,334	1,375	1,410	1,440	1,466
0,7	1,490	1,571	1,641	1,700	1,752	1,796
0,8	1,907	2,056	2,185	2,296	2,392	2,472

$\dfrac{h_1}{h + h_1}$	$100\,\mu$ für					
	$\varphi = 20$	25	30	35	40	45°
0	100	100	100	100	100	100
0,1	99,5	99,6	99,7	99,7	99,8	99,8
0,2	98,0	98,4	98,7	98,9	99,1	99,3
0,3	95,6	96,3	97,0	97,6	98,0	98,4
0,4	92,2	93,5	94,7	95,7	96,5	97,2
0,5	87,7	89,8	91,7	93,2	94,6	95,7
0,6	82,4	85,4	88,0	90,2	92,2	93,8
0,7	76,0	80,1	83,7	86,7	89,4	91,6
0,8	68,6	74,0	78,7	82,7	86,1	89,0

13. Grenzwerte lotrechter Belastung

Da die wagrechten Pressungen von AB (Abb. 12) oder BC (Abb. 14) bestimmte Grenzwerte nicht überschreiten können, so muß sich auch für die lotrechten Pressungen von AB (Abb. 1) eine ähnliche Grenze ergeben, denn es ist klar, daß der wagrechte Seitendruck auf AC, den die lotrechte Belastung von AB hervorruft, auch wieder Seitendrücke hervorrufen muß, die senkrecht zu den wagrechten Seitendrücken von AC, somit lotrecht sind. Diesen lotrechten sekundären Seitendrücken wirkt nur das Gewicht des überlagernden Erdreichs entgegen. Denkt man sich somit das Erdelement $ABCD$ (Abb. 1) immer stärker belastet, so müssen auch die Seitenpressungen des Erdelementes im selben Maß zunehmen und mit diesen wieder die durch sie verursachten sekundären, lotrechten Seitenpressungen $\varepsilon \cdot \varepsilon\, p = \varepsilon^2\, p$. Die Steigerung der Pressungen der Fläche AB kann so lange fortgesetzt werden bis die sekundären lotrechten Seitenpressungen gleich werden dem Gewicht $y\gamma$ des überlagernden Erdreichs, somit

$$(23) \qquad \varepsilon^2\, p \lessgtr y\,\gamma \quad \text{oder} \quad p \lessgtr \varepsilon_1^2\, y\,\gamma$$

Diese Formel gibt zu kleine Werte, da hier der Erdwiderstand überschütteter Wände (Gründungstiefe) in Frage kommt, der (nach Abb. 14) stets größer ist als $\varepsilon_1\, y\, \gamma$. Eine größere Annäherung dürfte Formel 23 für $\bigcirc$, $\square$ und regelmäßige Vieleckplatten geben, da der Einfluß der Überschüttung auf den mehr zu verdrängenden Erdkörper BEF (Abb. 14) ein geringerer ist.

II. Druckverteilung

A. Allgemeines

14. Voraussetzung

Es ist anzunehmen, daß die Druckverteilung mit einem Mindestaufwand an Arbeit erfolgt. Ein Maß für letztere ist das Einsinken der Last. Die wahrscheinlichste Druckverteilung wird daher jene sein, welche die geringste Senkung der Last bedingt. Letztere ist nur durch eine möglichst rasche Druckverteilung zu erreichen und diese nur durch eine ungleichmäßige Druckverteilung.

Daß ein Stoff, der keine oder nur geringe Zugspannungen aufnehmen kann, nur durch gewölbartige Wirkung örtliche Drücke verteilen kann, ist klar. Es fragt sich aber, was ihn dazu zwingt? Eine Antwort gibt nachstehende Überlegung.

15. Spannungsverhältnisse und Drucklinienfeld eines wagrechten Geländes

In einem wagrecht abgeglichenen, unbelasteten Gelände herrschen — wie schon in der Einleitung erwähnt wurde — in gleichen Tiefen unter der Oberfläche gleiche lot- und wagrechte Drücke. Letztere, die Seitendrücke der lotrechten Säulen (aus denen man sich den Erdkörper bestehend denken kann) infolge ihrer Eigenlast, heben sich gegenseitig auf. Das Drucklinienfeld besteht aus lotrechten Schwerkraftlinien. (Auch einer über die ganze Länge des Erdkörpers sich erstreckenden gleichmäßigen Nutzlast würde ein solches Drucklinienfeld entsprechen.)

16. Änderungen der Spannungsverhältnisse, der Druckverteilung und der Drucklinien infolge einer örtlichen Belastung

Wird dieser Erdkörper örtlich durch eine starre[1] Platte belastet, verursacht man also einen Druckunterschied gegenüber dem übrigen Erdkörper, so treten infolge dieses Druckgefälles Spannungen im Erdreich ein, welche mit der sie bedingenden Druckverteilung der Platte in einem

---

[1] Der Einfluß der Verbiegung der Platte wird zum Schlusse kurz besprochen.

bestimmten Zusammenhang stehen. Jeder Spannungsverteilung im Erdkörper entspricht eine gewisse Druckverteilung der Platte und umgekehrt. Mit der Zunahme der Plattenlast wachsen die Seitendrücke der Erdsäulen unter der Platte und rufen an deren Rändern den Widerstand des angrenzenden Bodens hervor. So lange diese, mit der Plattenlast stetig wachsenden Seitendrücke kleiner oder höchstens gleich sind dem größtmöglichen Erdwiderstand, ist eine gleichmäßige Druckverteilung möglich, womit aber nicht gesagt werden soll, daß sie noch gleichmäßig sein muß.

Mit dem Erschöpfen des Erdwiderstandes der an die Platte anschließenden Erdmassen muß eine ungleichmäßige Druckverteilung eintreten, denn die Seitenpressungen der Erdsäulen unter den Plattenrändern und damit auch die lotrechten Pressungen dieser Säulen durch die Plattenlast können das, durch den möglichen Erdwiderstand der angrenzenden Massen gegebene Maß nicht überschreiten. Weitere Erhöhungen der Plattenlast müssen demnach die nach der Plattenmitte zu gelegenen Erdsäulen aufnehmen, und zwar in um so höherem Maß, je näher sie der Plattenmitte liegen.

Ein unbelasteter Erdkörper vermag auf seiner Oberfläche keinen seitlichen Widerstand zu leisten.

Eine auf dem Boden aufliegende, ihn nur örtlich belastende Platte kann daher (auch wenn sie starr ist) den Druck nie gleichmäßig, sie muß ihn ungleichmäßig verteilen.[1]

Die ungleichen lotrechten Pressungen der Erdsäulen bewirken ungleiche Seitenpressungen, letztere heben sich nicht mehr gegenseitig auf, sondern verursachen von Plattenmitte gegen die Plattenränder zu gerichtete seitliche Überdrücke, die eine Krümmung der Drucklinien bewirken. Setzt man die Steigerung der Plattenlast fort, so führt dies unter steter Änderung der Druckverteilung (und damit der Gestalt der Drucklinien) zur Auflösung des Drucklinienfeldes in zwei getrennte Felder und schließlich zum seitlichen Ausweichen der Erdmassen.[2] Die Umgrenzung

---

[1] Prof. Dr. Kögler, Freiberg, „Über die Verteilung des Bodendruckes unter Gründungskörpern" („Der Bauingenieur" 1926, H. 6).

[2] Ähnliche Erscheinungen, wie sie hier kurz beschrieben sind, treten auch bei Druckversuchen mit Probekörpern aus Blei, Sandstein usw. auf. Sehr deutlich zeigt dies ein Versuch mit einem aus sieben Platten bestehenden Bleiwürfel, der nach dem Versuch durchschnitten wurde (Dipl. Ing. O. Wawrziniok, „Handbuch des Materialprüfungswesens"). An den Druckflächen durch die Reibung an der Querdehnung verhindert, wandert das Material in das Innere, von wo aus der Stoff nach dem Umfang ausweicht. Die Druckwirkung ist in der Mitte des Probekörpers am größten. Wird die Reibung möglichst vermindert, so ergibt sich eine erheblich geringere Festigkeit und die einzelnen Bleiplatten bleiben eben. Siehe auch Bach, „Elastizität und Festigkeit". Infolge der Einwärtsbewegung des Materials erscheint auch die Druckverteilung über den Querschnitt (jedenfalls während

dieser Massen kann nach Schwedler als logarithmische Spirale angenommen werden. Daß sich dieser Vorgang des Einsinkens einer Platte im Wesen so abspielt, ist durch zahlreiche Versuche erwiesen.[1]

17. Grundlagen der Drucklinientheorie

Die im allgemeinen krummlinige Druckausstrahlung oder Druckverteilung ist somit eine Folge der Seitendrücke, die jeder belastete Boden ausübt, wenn seine Querdehnung verhindert oder auch nur behindert wird. Diese Gesetze müssen daher für alle Bodenarten gelten, mehr minder beeinflußt durch die Kohäsion.[2]

Jeder Boden zeigt, je nach seiner Art, seinem augenblicklichen Zustand und seiner Belastung, ein teils elastisches, teils plastisches Verhalten. Je weniger elastisch das Verhalten ist, desto geringer wird man im allgemeinen die Beanspruchungen durch die beweglichen Lasten annehmen.[3]

Daß schüttbare Stoffe, wenn sie dicht gelagert sind, ein elastisches Verhalten zeigen, ist durch verschiedene Versuche, die vorwiegend zur Bestimmung der Bettungsziffer dienten, erwiesen. Unter diesen sind besonders die genauen Versuche Bastians[4] hervorzuheben, die auf gewachsenem Boden (Kalksand) und Kiesschüttungen verschiedener Höhe mit ◯ und ▢ Platten verschiedener Größe, allerdings vorwiegend mit geringen Pressungen ausgeführt wurden.

Daß in der Ableitung der Seitendruck in der üblichen Weise als Abhängige vom Reibungswinkel dargestellt ist, ist belanglos. Man könnte die Seitendrücke und ihre Abhängigkeit von den Drücken auch unmittelbar aus Versuchen bestimmen, statt des Umweges ihrer Berechnung aus Reibungsversuchen. Es ist auch gegenstandslos, ob die Formänderungen im geraden Verhältnis mit den Pressungen, oder, wie

---

des Fließens) nicht mehr gleichmäßig. Die Pressung nimmt von innen nach außen ab.

[1] Kurdjümoff, Zivilingenieur 1892; Schubert, Organ f. d. Fortschritte d. Eisenbahnw. 1899, S. 118.; Bräuning, Zeitschr. f. Bauw. 1904, S. 591, und Bräuning, „Die Grundlagen des Gleisbaues".

[2] Moyer, „Verteilung senkrechter Drücke im Boden", Engineering Record 1914, I. Bd. 69, Nr. 22, und 1915, I. Bd. 71, Nr. 11. (Organ 1915, H. 2 u. 22.) Diese Versuche sollten brauchbare Grundlagen für das Entwerfen von Durchlässen, Brücken und Tunnels liefern.

[3] Das Aufsteigen eines tonigen Untergrundes zwischen den Schwellen wird nicht durch eine einmalige Belastung verursacht, sondern durch die immer wiederkehrenden Belastungen durch die Nutzlast, der gegenüber die ständige Belastung verschwindend klein ist.

[4] Organ 1906, Ergänzungsheft „Das elastische Verhalten der Bettung und ihres Untergrundes". Der gewachsene Boden bestand aus 0,3 m Muttererde, 0,7 m Seekreide (Kalksand) und Schotter, die allmählich ineinander übergingen.

anzunehmen, rascher wachsen.[1] Das hat gewiß einen mehr minder großen Einfluß auf die Gestalt der Drucklinien, denn, wenn die Formänderungen rascher wachsen als die Drücke, muß die Druckverteilung gleichmäßiger werden. Aber mit denselben Ungleichmäßigkeiten muß man auch dann rechnen, wenn man nur auf Versuchsergebnissen aufbauen will. Die Versuchergebnisse werden mehr minder voneinander abweichen,[2] und die Verhältnisse auf der Baustelle noch wesentlich mehr von jenen der Versuche. Auch auf diesem Gebiete müssen sich Theorie, Versuche und Bauerfahrungen ergänzen.

B. Druckverteilung einer starren Platte auf wagrechtem Gelände

18. Lange Rechteckplatten

a) Allgemeine Gleichung und Gestalt der Drucklinien, ihre Abhängigkeit von der Druckverteilung, und letzterer von der Größe der Last.

Bezeichnet man nach Abb. 16 (dem Plattenquerschnitt) die lotrechten Pressungen einer Erdsäule im Abstand x von Plattenmitte mit p, ihre, dx entsprechende Änderung mit dp, so sind die Seitenpressungen dieser Säule εp und der Unterschied der Seitenpressungen

---

[1] Nach Bastians Versuchen (Organ 1906) wachsen die Formänderungen rascher. Rud. Mayer, Wien (Zeitschr. d. österr. Ing. u. Arch.-V. 1896, S. 589), fand, daß die Senkungen zunächst annähernd geradlinig mit den Pressungen zunehmen, von einer bestimmten Pressung an aber, die er die natürliche Tragfähigkeit des Bodens nennt, unverhältnismäßig rasch wachsen.

[2] Bastian (Organ 1906) erwähnt als allgemeine Ergebnisse seiner Versuche: „Jede, auch die kleinste Last ruft eine elastische und eine bleibende Senkung hervor, deren Größe, wegen der elastischen Nachwirkung nicht nur von der Größe der jeweiligen Last, sondern auch von der Zahl und Größe der vorangegangenen Lasten abhängt. Die Abhängigkeit der Senkungen von der Last kann wiedergegeben werden durch $y = a p m\ (m > 1)$ und innerhalb gewisser Grenzen durch $y = \dfrac{p}{C} - c$. Die zulässige Last kann für schwachen Verkehr größer gewählt werden, als für stärkeren. Bei gleichen spezifischen Lasten geben kleinere Platten kleinere Senkungen." Betreffend die Durchführung sagt er: „Bei allen Versuchen wurde der Boden sehr sorgfältig geebnet und streng darauf geachtet, daß jede Platte satt auflagerte; doch war es trotz dieser peinlichen Durchführung unvermeidlich, daß dieselbe Platte, vom Boden aufgehoben und sorgfältig wieder aufgelegt, Senkungen ergab, die von den unmittelbar vorher festgestellten um 10% abwichen. Weber fand bei seinen Versuchen zur Ermittlung der Zusammendrückungen des Holzes, daß es bei der größten Vorsicht nicht möglich war, gleiche Auflagflächen schon bei geringen Drücken zu erreichen. Gleiche Auflagflächen stellten sich immer erst bei einer nicht unwesentlichen Belastung und einer anscheinenden Zusammendrückung von etwa 1 mm her. (Weber, „Die

der einzelnen Erdsäulen (die seitlichen gegen den Plattenrand zu gerichteten Überdrücke) $\varepsilon\,dp$. Auf das Bodenelement der Abmessungen dx, dy, 1 unter der Platte wirkt somit die lotrechte Kraft pdx und die wagrechte $\varepsilon\,dp\,.\,dy$, welche letztere die Kraft pdx aus der Richtung CE

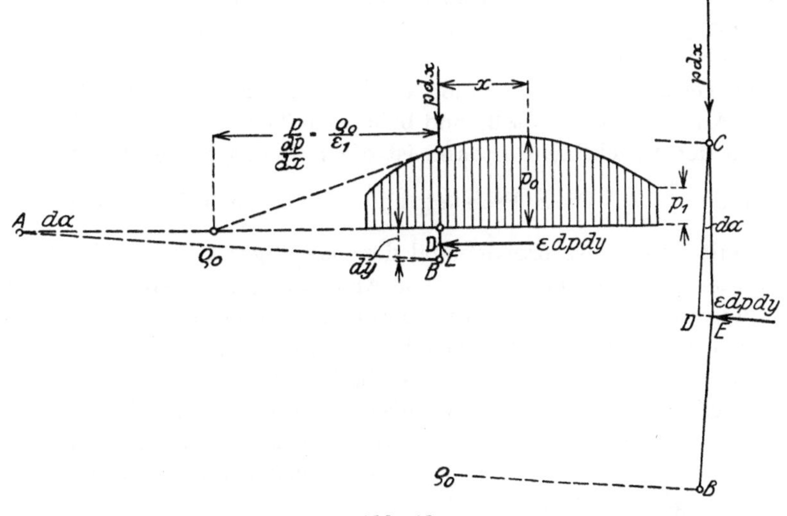

Abb. 16

um den Winkel da in die Richtung EB ablenkt. Zieht man CD parallel zu EB, so ist das so erhaltene Kräftedreieck CDE ähnlich dem Dreieck ABC und es gilt somit die Gleichung

$$pdx : \varepsilon pdy = \varrho_0 : dy,$$

aus welcher sich der Krümmungshalbmesser der Drucklinie unmittelbar unter der Platte allgemein aus der Gleichung ergibt

$$\varrho_0 = \frac{p}{\varepsilon\,\dfrac{dp}{dx}} = \varepsilon_1\,\frac{p}{\dfrac{dp}{dx}} \tag{24}$$

Kennt man somit die Druckverteilung, so ergibt sich der Krümmungshalbmesser der Drucklinie nach Formel 24 oder zeichnerisch nach Abb. 16.

Unmittelbar unter der Platte haben die einzelnen Drucklinien schon verschiedene Krümmungshalbmesser. Die Abstände der Drucklinien müssen daher mit der Tiefe unter der Platte zunehmen, die Pressungen

Stabilität des Gefüges der Eisenbahngleise", Weimar 1869.) Ganz besonders erhellen die Schwierigkeit der richtigen Wertung von Versuchsergebnissen die Versuche von Prof. Franzius über den passiven Erddruck, Bauingenieur 1924, H. 10, und die Bemerkungen hiezu von Krey, Möller und Dörr im Bauingenieur 1924.

dagegen und mit ihnen auch die Seitenpressungen und ihre Überdrücke müssen kleiner werden; denn, da nur die Wirkung der Nutzlast untersucht wird, bleibt die Kraft $p\,dx$ unverändert.[1] Der unveränderten Kraft $p\,dx$ stehen somit mit wachsender Tiefe unter der Platte immer kleinere seitliche Überdrücke gegenüber; die seitliche Ablenkung von $p\,dx$ wird daher mit wachsender Tiefe immer geringer, der Krümmungshalbmesser der Drucklinien immer größer.

Die Gestalt der Drucklinien ergibt sich aus nachstehender Überlegung. An irgend einer Stelle und beliebigen Tiefe der Drucklinie sei der Abstand der Drucklinien a, dann ist die Pressung in der Richtung der Drucklinie $\dfrac{p\,dx}{a}$. Diese Pressung und mit ihr auch die Seitenpressung sind somit umgekehrt proportional dem jeweiligen Abstand der Drucklinien (der Streifenbreite), und bei Annahme gleichbleibender Druckverteilung in jeder Schicht kann man es auch von den seitlichen Überdrücken annehmen. Es soll sonach der Krümmungshalbmesser der Drucklinie an jeder Stelle in geradem Verhältnis zur Streifenbreite stehen. Dieser Bedingung würden logarithmische Spiralen mit gemeinsamem Pol (konzentrische) genügen, wie sich aus nachstehendem ergibt.

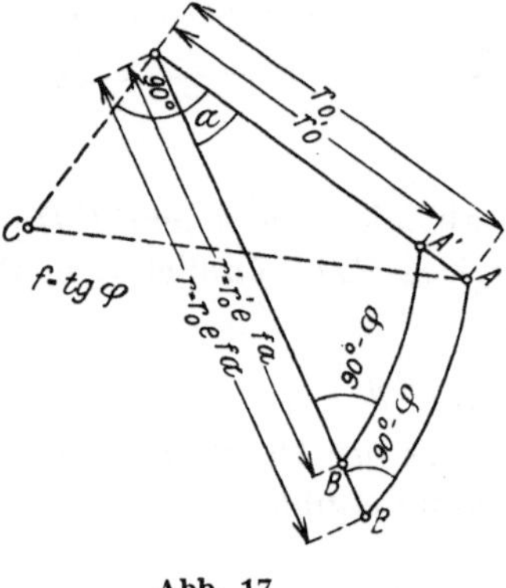

Abb. 17

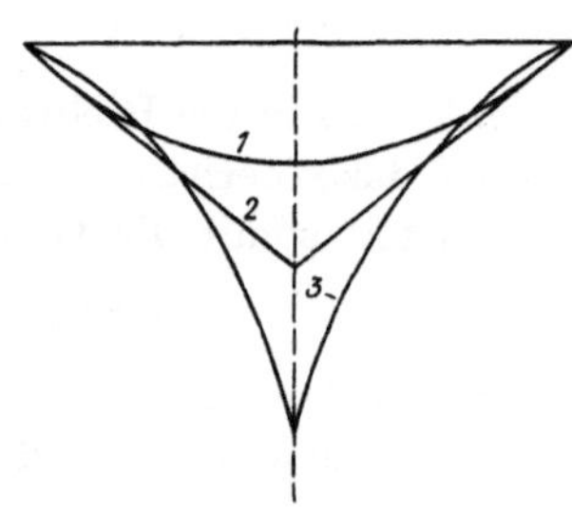

Abb. 18

Die Gleichung einer solchen Spirale[2] sei $r = r_0 e^{f\,a}$ (s. Abb. 17), die Gleichung einer benachbarten konzentrischen $r' = r'_0 e^{f\,a}$. Somit ist die Streifenbreite in der Leitstrahlrichtung $r - r' = (r_0 - r_0')\, e^{f\,a}$ und ihr Verhältnis zum Krümmungshalbmesser

$$\frac{r - r'}{\varrho} = \frac{(r_0 - r_0')\, e^{f\,a}}{\varrho_0\, e^{f\,a}} = \frac{r_0 - r_0'}{\varrho_0},$$

denn es ist $\varrho = r \sec\varphi$ und es gilt somit auch $\varrho = \varrho_0 e^{f\,a}$. Konzentrische

---

[1] Nur der Auslauf der Drucklinien an der Geländeoberfläche und die Drucklinien der Plattenränder werden durch das Bodengewicht mit beeinflußt.

[2] O ist der Pol der logarithmischen Spirale, dem sie sich asymptotisch nähert. C ist der Krümmungsmittelpunkt für A. Der Winkel des Leitstrahles OA mit der Senkrechten AC ist konstant; auch $\dfrac{\varrho}{r} = \sec\varphi$ ist konstant.

logarithmische Spiralen würden somit der gestellten Bedingung genügen. Nach Abb. 16 sind aber konzentrische Spiralen erst bei einer Druckverteilung 3 (Abb. 18) möglich, und diese kann erst als Schlußstadium aufgefaßt werden; denn ihr muß eine Druckverteilung 1 und allenfalls 2 vorausgehen. Anzunehmen ist ferner, daß die Zunahme der lotrechten Pressungen, von den Rändern gegen die Mitte der Platte zu, gewisse, bei starren Platten nur vom Boden abhängige Grenzwerte nicht überschreiten darf. Daß den Druckverteilungen 2 und 3 keine konzentrischen Spiralen entsprechen können, ist aus Abb. 16 klar.

In den Zwischenstadien 1 und 2, in denen ein allmähliches Aufbiegen der Drucklinien vom Plattenrand gegen die Mitte zu stattfindet, werden die Drucklinien somit etwas weniger gekrümmt sein, als die logarithmischen Spiralen, weil diese exzentrischen Spiralen rascher divergieren, die Druckabnahme somit eine raschere ist. Nimmt man trotzdem, der Einfachheit wegen, die Drucklinien als logarithmische Spiralen an, so ist dies eine Näherung, die, wie sich zeigen wird, zu brauchbaren Ergebnissen führt. Zur Überprüfung stehen mir nur Erddruck- und Druckverteilungsergebnisse mit Sand zur Verfügung. Die Brauchbarkeit für andere Stoffe wäre somit zwar noch durch Versuche festzustellen, die Ergebnisse der letzteren können aber an dem Wesen dieser Ableitung nichts ändern.

Die Druckverteilung 1 soll allmählich in 2 übergehen. Dies veranschaulicht am besten eine Schar Hyperbeln mit gemeinsamen Asymptoten, deren Achsen allmählich von ∞ bis 0 abnehmen. Der ∞ großen Achse würde eine gleichmäßige Druckverteilung entsprechen (die aber bei einer auf dem Gelände liegenden Platte nicht möglich ist), der ∞ kleinen Achse (Zusammenfallen der Hyperbel mit den Asymptoten) die Druckverteilung 2. Meist wird die Annahme parabelförmiger Druckverteilung genügen. Eine größere Belastung, als letzterer entspricht, sollte nicht angenommen werden.

Bei der Druckverteilung 1 sind die Randstreifen die schwächsten (sie werden sich stets unter dem Einfluß des Bodengewichtes ausbilden), mit dem Erreichen der Druckverteilung 2 herrscht in allen Streifen gleiche Sicherheit und bei Druckverteilung 3 ist die Linie des geringsten Widerstandes die Umhüllungslinie der Widerlagskörper. Ob die der Druckverteilung 3 entsprechenden Drucklinien sich voll ausbilden können, hängt vom verfügbaren Raum ab. Muß sich aber ein kleinerer Widerlagskörper bilden, so wird dies zweifellos unter größerem Kraftaufwand erfolgen.

b) Parabelförmige Druckverteilung

α) **Berechnung und Darstellung des Drucklinienfeldes.** Für parabelförmige Druckverteilung, als welche man die Druckverteilung 1 annehmen kann, gilt (nach Abb. 19) die Gleichung

$$(25) \qquad p = p_0 \left(1 - 4\,\frac{x^2}{b^2}\right)$$

Somit ist $\dfrac{dp}{dx} = -\dfrac{8\,x}{b^2}\,p_0$ und der Krümmungshalbmesser einer

Drucklinie unmittelbar unter der Platte

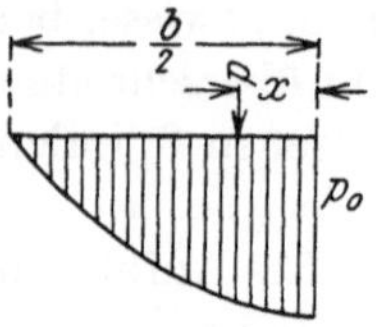

$$(26) \qquad \varrho_0 = \varepsilon_1\,\frac{p}{\dfrac{dp}{dx}} = \varepsilon_1\,\frac{b^2 - 4\,x^2}{8\,x} = \varepsilon_1\,\frac{b}{4}\left(\frac{1}{\xi} - \xi\right)$$

Abb. 19 $\qquad$ worin $\xi = \dfrac{2\,x}{b}$.

Man erhält das zugehörige Drucklinienfeld, indem man die halbe Plattenbreite beispielsweise in zehn gleiche Teile teilt, und für diese Teilpunkte ϱ_0 nach Gleichung 26 bestimmt. Der zugehörige Leitstrahl ist $r_0 = \varrho_0 \cos \varphi$. Trägt man seine Länge vom Teilpunkt unter dem Winkel φ gegen die Wagrechte nach außen und aufwärts auf, so erhält man den Pol dieser Drucklinie. Für eine beliebige andere Lage des Leitstrahles, die mit der vorerwähnten einen Winkel α einschließt, ist die Leitstrahllänge $r_1 = r\,e^{f\,\alpha}$. In jedem Punkte der Spirale schließt der Leitstrahl mit der Tangente den Winkel $90 - \varphi$ ein.

In Tafel II ist ein solches Drucklinienfeld für Sand von 32^0 Reibung und eine auf der Sandoberfläche liegende Lastplatte von 27 cm Breite, entsprechend den Verhältnissen der Versuche von Müller-Breslau dargestellt. Diese Abbildung gilt aber auch für andere Belastungsbreiten, wenn man den Maßstab entsprechend ändert.

Die Tafel I und III bis VI enthalten Darstellungen ähnlicher Drucklinienfelder für die gleiche Plattenbreite und $\varphi = 30^0$, 35^0, $37^0\,30'$, 40^0 und 45^0. Hilfsgrößen für das Auftragen der Drucklinienfelder enthält Zusammenstellung 4.

β) **Die Lastanteile der Streifen** zwischen den Drucklinien sind nach folgender Rechnung leicht zu ermitteln. Einem Streifen der Breite x von Plattenmitte aus entspricht ein Lastanteil

$$\int\limits_0^x p\,dx = p_0 \int\limits_0^x \left(1 - \frac{4\,x^2}{b^2}\right) dx = p_0 \left(x - \frac{4\,x^3}{3\,b^2}\right) = p_0\,\frac{b}{2}\left(\xi - \frac{\xi^3}{3}\right),$$

und da $p_0 = \dfrac{3}{2}\,p_m$ (p_m = mittlere Pressung), so ist auch

$$(27) \qquad \int\limits_0^x p\,dx = \frac{1}{4}\,p_m\,b\,(3\,\xi - \xi^3)$$

Zusammenstellung 4. Hilfsgrößen für die Berechnung der
Leitstrahllängen r

a	e^{fa}						ξ	$\dfrac{1}{\xi} - \xi$
	$\varphi = 30^0$	32^0	35^0	$37^0\,30'$	40^0	45^0		
0	1	1	1	1	1	1	0	∞
10^0	1,106	1,115	1,130	1,143	1,158	1,191	0,1	9,9
20^0	1,223	1,244	1,277	1,307	1,340	1,418	0,2	4,8
30^0	1,353	1,387	1,443	1,495	1,552	1,688	0,3	3,033
40^0	1,496	1,547	1,630	1,709	1,796	2,010	0,35	2,507
50^0	1,655	1,725	1,842	1,954	2,080	2,393	0,4	2,1
60^0	1,830	1,924	2,082	2,233	2,408	2,850	0,45	1,772
70^0	2,025	2,146	2,353	2,554	2,788	3,393	0,5	1,5
80^0	2,239	2,393	2,658	2,920	3,227	4,040	0,55	1,268
90^0	2,477	2,669	3,004	3,338	3,736	4,811	0,6	1,067
100^0	2,739	2,976	3,394	3,816	4,325	5,728	0,65	0,888
110^0	3,030	3,319	3,835	4,363	5,008	6,820	0,7	0,729
120^0	3,351	3,701	4,334	4,988	5,797	8,121	0,75	0,583
130^0	3,706	4,128	4,897	5,703	6,712	9,670	0,8	0,45
140^0	4,099	4,604	5,534	6,520	7,770	11,513	0,9	0,211
$\frac{1}{2}\varepsilon_1\cos\varphi$	0,650	0,689	0,756	0,816	0,881	1,030	1,0	0

$$r = \frac{b}{4}\,\varepsilon_1 \left(\frac{1}{\xi} - \xi\right) e^{fa}\cos\varphi$$

Die Lastanteile der Streifen ergeben
sich dann als Unterschiede. So erhält man
die Werte der Zusammenstellung 5, die zum
Teil auch in Abb. 20 angegeben sind. In
letzterer sind auch die unmittelbar unter
der Platte herrschenden Pressungen ausgewiesen; sie ergeben sich aus Gleichung 25.

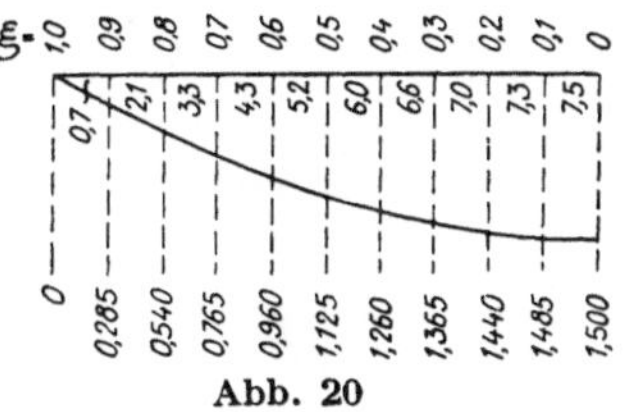

Abb. 20

γ) **Lage der Drucklinien zu einander.** Bisher wurde angenommen,
daß die Drucklinien senkrecht von der Platte ausgehen. Die seitlichen,
gegen den Plattenrand gerichteten Überdrücke zwischen den Drucklinien bewirken aber nicht nur ihre Krümmung, sie drängen — wie ab-
stoßende Kräfte — auch auf möglichst großen gegenseitigen Abstand der
Drucklinien und damit nach möglichster Verringerung des durch das
Aufbringen der Last geschaffenen Spannungszustandes;[1] es stellt sich
somit bei jeder Belastung die möglichst weitgehendste Druckverteilung
ein. Etwas verringert wurde der Spannungszustand schon durch die
Krümmung der Drucklinien. Die Grenze der möglichsten Entfernung
der Drucklinien bestimmt für jede Last der mögliche Erdwiderstand des
angrenzenden unbelasteten Bodens, den Erdwiderstand die größte Tiefe
der Drucklinien unter der Geländeoberfläche. Es werden somit mit

---

[1] Dies erinnert an magnetische Kraftfelder.

zunehmender Last die Drucklinien immer steiler von der Platte ausgehen müssen, um die dem erforderlichen Erdwiderstand entsprechende Tiefe zu erreichen.

Wir wollen im folgenden, der Einfachheit wegen, annehmen, daß sich alle Drucklinien um einen gemeinsamen, oberhalb der Plattenmitte befindlichen Punkt M (Abb. 21) drehen, dessen Höhenlage durch den Drehwinkel α_1 der Randdrucklinie bestimmt wird; den Ausgangspunkt P

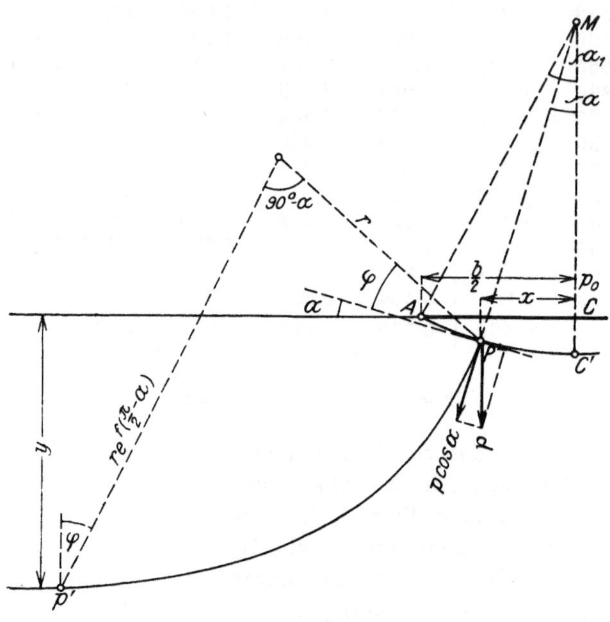

Abb. 21

der Drucklinien denken wir uns im Kreisbogen AC', der von M aus, als Mittelpunkt, beschrieben wird. Die Größe des Drehungswinkels α der einzelnen Drucklinien muß mit der Größe der seitlichen Überdrücke wachsen. Ein Maß für letztere ist aber der Neigungswinkel der Tangente $\frac{dp}{dx}$ der Druckverteilungskurve. Bei parabolischer Druckverteilung wird somit der Drehungswinkel von Plattenmitte gegen den Rand zu wachsen. Infolge ihres strahlenförmigen Ausganges werden die Drucklinien rascher divergieren und ihre Annäherung an die logarithmischen Spiralen geringer sein. Wir wollen aber der Einfachheit wegen an dieser Form festhalten.

Vorhin wurde erwähnt, daß der Drehwinkel α_1 bestimmt wird durch den verfügbaren Erdwiderstand und dieser durch den Tiefpunkt der Drucklinien. Letzterer hängt aber ab von der Gestalt der Drucklinien und mit ihr auch von ihrer Krümmung unmittelbar unter der Platte, die nach Gleichung 24 bestimmt wird durch die Tangente an die Druckverteilungskurve, d. h. durch die Zunahme der Pressungen an der betreffenden Stelle. Will man somit den größten Drehwinkel α_1 der Randdrucklinie für eine beliebige Plattenlast bestimmen, so muß man zunächst die größtmögliche Zunahme der Pressungen vom Plattenrand gegen Plattenmitte zu bestimmen.

Zu erwähnen ist noch, daß durch den schrägen, gegen Plattenmitte gerichteten Anlauf der Drucklinien das früher erwähnte Abfließen des Bodens gegen Plattenmitte eingeleitet wird.

δ) **Die größtmögliche Zunahme der Pressungen vom Plattenrand gegen die Mitte** erhält man, wenn man den Druck eines Streifens dem möglichen Erdwiderstand im Tiefpunkt der Drucklinien gleichsetzt. Bei einem Drehungswinkel α (Abb. 21) entspricht der Tiefpunkt der Drucklinie einem Leitstrahlwinkel $\frac{\pi}{2} - \alpha$. Seine Tiefe ist

$$y = r\,e^{f\left(\frac{\pi}{2}-\alpha\right)} \cos\varphi - r\sin(\varphi+\alpha) + \frac{b}{2\sin\alpha_1}(\cos\alpha - \cos\alpha_1)$$

und der dort mögliche Erdwiderstand $\varepsilon_1\gamma y$. Der dort herrschende Druck $p' \leqq \varepsilon_1 y\gamma$ ergibt sich für lange Rechteckplatten aus der Bedingung $p'dy = p\,dx\cos\alpha$. mit

$$p' = \frac{p\cos\alpha}{\dfrac{dy}{dx}} = \varepsilon_1 y\gamma,$$

somit ist $p = \varepsilon_1\gamma\,y\,\dfrac{dy\sec\alpha}{dx}$

Für parabolische Druckverteilung

$$p = p_0\left(1 - \frac{4x^2}{b^2}\right)$$

Zusammenstellung 5. Lastanteile der Streifen zwischen den Drucklinien in % der ganzen Plattenlast

ξ	1,00	0,9	0,8	0,75	0,7	0,65	0,6	0,55	0,5	0,45	0,4	0,35	0,3	0,2	0,1	0,0
$\frac{1}{4}(3\xi-\xi^3)$	50,00	49,27	47,20	45,70	43,92	41,88	39,60	37,09	34,37	31,47	28,40	25,18	21,83	14,80	7,47	0
Lastanteile der Streifen in % der Plattenlast		0,73	2,07	1,50	1,78	2,04	2,28	2,51	2,72	2,90	3,07	3,22	3,35	7,03	7,33	7,47
		0,73	2,07	3,28		4,32		5,23		5,97		6,57		7,03	7,33	7,47

ergibt sich daher

$$p_0 = \frac{p}{1 - 4\dfrac{x^2}{b^2}} = \frac{\varepsilon_1 \gamma y}{1 - 4\dfrac{x^2}{b^2}} \cdot \frac{dy \sec \alpha}{dx}.$$

Hierin ist

$$\frac{dy}{dx} = \frac{dr}{dx}\left[e^{f\left(\frac{\pi}{2} - a\right)} \cos \varphi - \cos(\varphi + a)\right] -$$

$$- \frac{da}{dx}\left\{r\left[fe^{f\left(\frac{\pi}{2} - a\right)} \cos \varphi + \cos(\varphi + a)\right] + \frac{b \sin a}{2 \sin a_1}\right\}$$

Nach Gleichung 26 ist $r = \varrho \cos \varphi = \dfrac{\varepsilon_1}{2}\left(\dfrac{b^2}{4x} - x\right) \cos \varphi$, somit ist

$$\frac{dr}{dx} = -\frac{\varepsilon_1}{2}\left(\frac{b^2}{4x^2} + 1\right) \cos \varphi; \text{ ferner ist } \sin a = \frac{x}{\dfrac{b}{2} \sin a_1} = \frac{2x \sin a_1}{b},$$

$$\cos a\, \frac{da}{dx} = \frac{2 \sin a_1}{b}; \quad \frac{da}{dx} = \frac{2 \sin a_1}{b \cos a}$$

Für $x = \dfrac{b}{2}$ wird $r = 0$, $y = 0$, $\dfrac{dr}{dx} = -\varepsilon_1 \cos \varphi$, $1 - \dfrac{4x^2}{b^2} = 0$,

$\dfrac{dy}{dx} \lessgtr 0$; $\dfrac{y}{1 - \dfrac{4x^2}{b^2}}$ nimmt die unbestimmte Form $\dfrac{0}{0}$ an und ist da-

her gleich

$$\left(\frac{\dfrac{dy}{dx}}{\dfrac{d\left(1 - \dfrac{4x^2}{b^2}\right)}{dx}}\right)_{x = \frac{b}{2}} = \left(\frac{\dfrac{dy}{dx}}{-\dfrac{8x}{b^2}}\right)_{x = \frac{b}{2}} = -\frac{b}{4}\left(\frac{dy}{dx}\right).$$

Damit wird $p_0 = -\varepsilon_1 \gamma\, \dfrac{b}{4}\left(\dfrac{dy}{dx}\right)^2 \sec a_1.$

Nun ist

$$\left(\frac{dy}{dx}\right)_{x = \frac{b}{2}} = -\varepsilon_1 \cos \psi\left[e^{f\left(\frac{\pi}{2} - a_1\right)} \cos \varphi - \sin(\varphi + a_1)\right] - \operatorname{tg} a_1,$$

somit allgemein

$$(28) \quad p_0 = \varepsilon_1 \gamma\, \frac{b}{4}\left\{\varepsilon_1 \cos \varphi\left[e^{f\left(\frac{\pi}{2} - a_1\right)} \cos \varphi - \sin(\varphi + a_1)\right] + \operatorname{tg} a_1\right\}^2 \sec a_1$$

$$\text{und für } a_1 = 0 \qquad p_0 = \varepsilon_1 \, \gamma \, \frac{b}{4} \left[\varepsilon_1 \cos^2 \varphi \left(e^{f\frac{\pi}{2}} - f \right) \right]^2 \qquad (28a)$$

Die mittlere Pressung ist allgemein

$$p_m = \frac{2}{3}\, p_0 \ \text{ oder}$$

$$p_m = \frac{1}{6}\, \varepsilon_1 \gamma \, b \left\{ \varepsilon_1 \cos \varphi \left[\varepsilon^{f\left(\frac{\pi}{2} - a_1\right)} \cos\varphi - \sin(\varphi + a_1) \right] + \operatorname{tg} a_1 \right\}^2 \sec a_1 \qquad (29)$$

$$\text{und für } a_1 = 0 \qquad p_m = \frac{1}{6}\varepsilon_1\gamma\, b \left[\varepsilon_1 \cos^2\varphi\, (e^{f\frac{\pi}{2}} - f) \right]^2 \qquad (29a)$$

Zusammenstellung 6. **Tragfähigkeit** $\zeta = \dfrac{p_m}{b\,\gamma}$ **langer Rechteckplatten für parabolische Druckverteilung** (Abb. 22)

	$\varphi = 20$	25	30	32	35	40	45°
$a_1 = 0$	2,4	4,4	9,1	12,3	19,9	47,0	120
10	1,9	3,2	6,4	8,4	13,2	29,7	72,4
20	1,5	2,4	4,6	5,9	8,9	19,6	45,5
30	0,9	1,8	3,2	4,2	6,1	12,5	27,4
40			2,3	3,0	4.2	7,7	15,6
50°			2,0	2,8	4,2	8,7

Beispielsweise ergibt sich für
$\varphi = 32^0$, $p^m = 0{,}15$ kg/cm² $= 1{,}5$ t/m²,
$\gamma = 1{,}6$ t/m³ und $b = 0{,}15$ m

$$\frac{p_m}{b\,\gamma} = \frac{1{\cdot}5}{0{,}15 \times 1{,}6} = 6{,}2, \text{ somit } a_1 = 19^0;$$

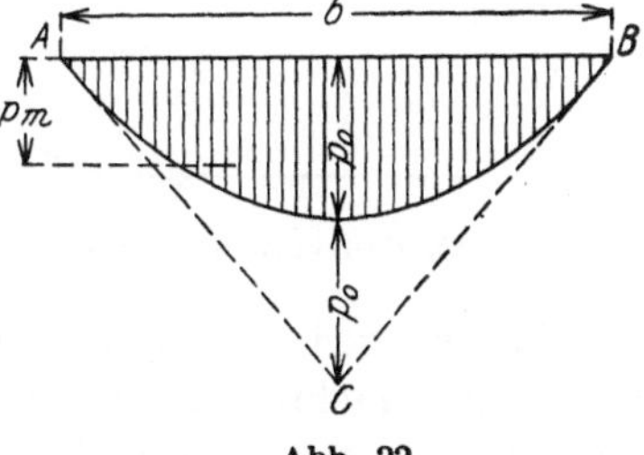

Abb. 22

für $b = 0{,}30$ m ist $\dfrac{p_m}{b\,\gamma} = 3{,}1$, somit

$a_1 = 39^0$.

ε) **Folgerungen.** Die breitere Platte wird somit bei gleicher durchschnittlicher·Belastung den Druck besser verteilen. Steigert man die Plattenlast, so wächst damit $\dfrac{p_m}{b\,\gamma}$ und man erhält aus Zusammenstellung 6 einen kleineren Wert a_1; die Druckverteilung wird somit ungünstiger, die Plattensenkung wächst rascher. Je größer somit die Plattenlast, desto steiler die gedachte[1] Umgrenzung des Druckverteilungskörpers. Diese

---

[1] Siehe S. 35.

allgemeinen Ergebnisse der Rechnung werden bestätigt durch die Ergebnisse von Versuchen,[1] welche die Prüfstelle für Ingenieurwesen der Hochschule von Pennsylvanien über die Verteilung von Lasten in verschiedenen Bodentiefen angestellt hat. Einige dieser Versuchsergebnisse sollen nachstehend rechnerisch überprüft werden.

c) Nachrechnung eines amerikanischen Versuches

In Abb. 23 ist ein Drucklinienfeld für die bereits früher erwähnte Platte $b = 27$ cm und $\varphi = 32^0$ für $a_1 = \varphi$ dargestellt. Darin sind die Drucklinien der Tafel II um den entsprechenden Winkel a (beispielsweise für $\xi = 0{,}4$ und $a = 0{,}4 \times 32^0 = 12^0\ 48'$) gedreht und ihr Endpunkt in

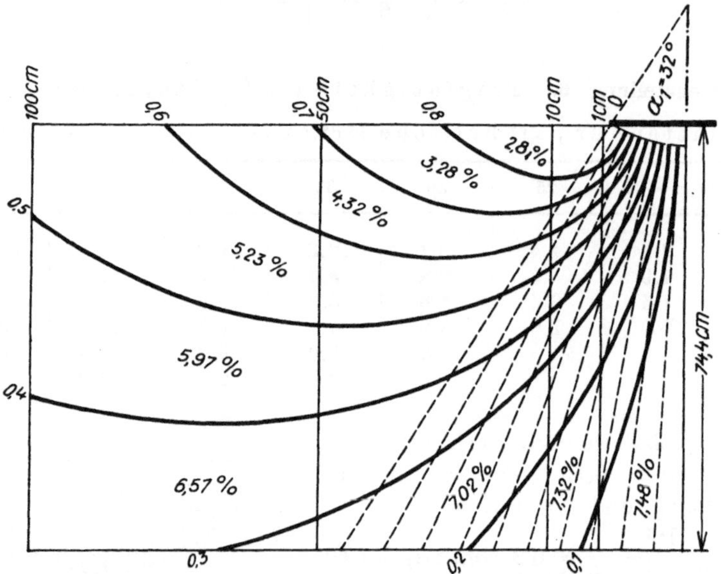

Abb. 23. Drucklinienfeld für Sand $\varphi = 32^0$ und $a_1 = \varphi$ (Erläuterungen s. S. 92)

den Kreisbogen $A\,C'$ (Abb. 21) verlegt. Dieses Drucklinienfeld wollen wir für die Nachrechnung eines der erwähnten amerikanischen Versuche[1] verwenden. Er betrifft die 15×60 cm große Platte A, welche auf reinem, trockenem Flußsand mittlerer Schärfe lag und bis zu 0,15 kg/cm² belastet wurde. Genau unter der Lastplatte befand sich in jener Tiefe, für welche die Druckverteilung zu ermitteln war, eine genau gleiche Wägeplatte, deren Lastanteil durch Wägung bestimmt wurde. In diesem

Falle ist $b = 15$ cm; als Maßstab des Drucklinienfeldes gilt 1 cm $= \dfrac{27}{15}\,0{,}65$

$= 1{,}17$ mm, weil das Drucklinienfeld für die Plattenbreite $b = 27$ cm im

---

[1] Siehe S. 19, Anmerkung 2.

Maßstab 1 cm = 0,65 mm aufgetragen ist. Man mißt die Tiefen y der Schnittpunkte der Drucklinien mit der Lotrechten durch den Plattenrand, liest die im Drucklinienfeld angegebenen Lastanteile ab und trägt sie über den Tiefen als Abszissen in Prozenten als Ordinaten auf. Man erhält so Abb. 24 und Zusammenstellung 7, in welch ersterer auch die Versuchswerte eingetragen sind.

Zwischen der linken und rechten Drucklinie 01 wird nach Tafel II und Abb. 23, sowie Zusammenstellung 6 ein Lastanteil von $2 \times 7,48 = 15\%$ der Plattenlast übertragen; zwischen den Drucklinien 02 ein Lastanteil von

$$2 \times 14,8 = 29,6\%.$$

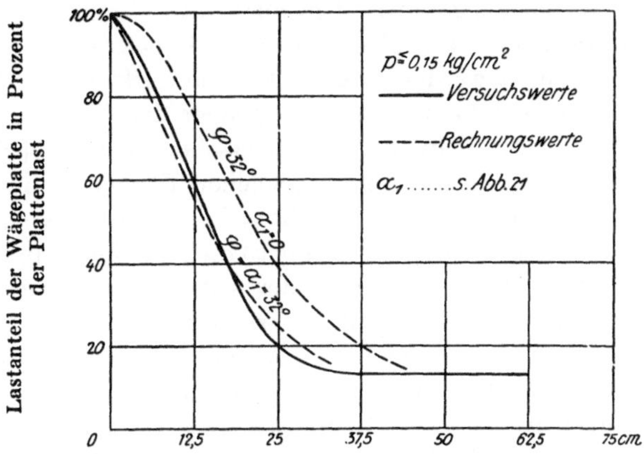

Tiefe der Wägeplatte unter der Lastplatte

Abb. 24. Druckverteilung der Rechteckplatte, A
Plattengröße: 15 × 60 cm. Druckverteilungsmittel: Sand

Bei der Ermittlung der Belastung der Wägeplatte durch die einzelnen Streifen sollte eigentlich deren Neigung gegen die Wagrechte in doppelter Weise berücksichtigt werden. Einmal, daß nur eine Teilkraft der im Drucklinienplan angegebenen Lastanteile wirkt und dann die Wirkung

Zusammenstellung 7. Druckverteilung rechteckiger Platten
(zu Abb. 24 und 26 und Anmerkung 2, S. 19)

Platte A ☐ 15/60 cm und Platte B ☐ 15/15 cm

Drucklinie		0,8	0,7	0,6	0,5	0,4	0,3	0,2	0,1
Lastanteil in % d. Plattenlast		94,4	87,8	79,2	68,8	56,8	43,6	29,6	15,0[1]
Tiefe des Schnittp. der Druckl. m. d. Lotr. d. d. Plattenrand für	$\alpha_1 = 0$	5,5	8,5	11,4	14,4	18,3	23	30	43,5
	$\alpha_1 = \varphi$	3,3	4,8	6,5	8,8	12	15,3	22	34,5

nach Abb. 9 und Zusammenstellung 2. Nennenswerte Unterschiede ergeben sich aber nur für die kleinsten Sandtiefen.

Da auch eine Druckverteilung über die Langseiten stattfand, die in der Rechnung nicht berücksichtigt wurde, müssen die Versuchsergebnisse günstiger sein als die Rechnungswerte.

19. Druckverteilung regelmäßiger Vieleckplatten

a) Gleichung der Druckflächen

Die anderen amerikanischen Versuche über die Verteilung senkrechter Drücke im Boden wurden mit □ Platten 15 × 15 cm und 30 × × 30 cm ausgeführt. Um auch diese Versuche rechnerisch verfolgen zu können, soll nachfolgend noch die Druckverteilung von □ und ○ Platten untersucht werden. Bei □ Platten dürften sich die Grate um so weniger scharf ausbilden können, je größer der Druck ist.

Zerlegt man die □ [○]-Flächen in □ [○]-Ringelemente der Breite dx, so ist die Fläche eines solchen Elementes im senkrechten Abstand x von Plattenmitte $8xdx$, $[2\pi x dx]$, seine Pressung wäre p, somit seine Belastung $8(px)dx$, $[2\pi(px)dx]$, die Seitenpressung dieses Ringes ist $8\varepsilon(px)$, $[2\varepsilon\pi(px)]$ und der seitliche Überdruck eines Ringes auf den benachbarten $8\varepsilon d(px)$, $[2\varepsilon\pi d(px)]$.

Gegenüber den Verhältnissen bei der langen Rechteckplatte hat sich, wie ersichtlich, weiter nichts geändert, als daß statt der p-Kurve der langen Rechteckplatte die (px)-Kurve der Kreisplatte[1] tritt. Man erhält somit den Krümmungshalbmesser der Erzeugenden der Druckfläche wieder aus der Gleichung

$$(30) \qquad \varrho : dy = (px)\,dx : \varepsilon d(px)dy \ \text{ oder } \ \varrho = \varepsilon_1 \frac{(px)}{\dfrac{d(px)}{dx}}$$

Stimmt die (px)-Kurve der Kreisplatte mit der p-Kurve der langen Rechteckplatte überein, so ist die Drucklinie der letzteren die erzeugende Kurve der Druckfläche der Kreisplatte und man kann daher für Sand wieder die Drucklinienfelder Abb. 23 und Tafel II für die Ermittlung der Druckverteilung verwenden. Die Divergenz ist wegen der radialen Ausstrahlung der Drücke weit größer als bei der langen Rechteckplatte, doch kommt dies bei der Ermittlung der Druckverteilung nicht so zur Geltung.

b) Nachrechnung amerikanischer Versuche

Für die Platte B auf Sand, $p = 0{,}6$ kg/cm² ist $b = 15$ cm. Nimmt man die Kurve (px) parabolisch an, also $px = \left(1 - \dfrac{4x^2}{b^2}\right)p_0 x_0$, so ist

$$\frac{d(px)}{dx} = -\frac{8x}{b^2}p_0 x_0, \quad \left(\frac{d(px)}{dx}\right)_{x=\frac{b}{2}} = -4\frac{p_0 x_0}{b}, \quad p = \left(\frac{1}{x} - \frac{4x}{b^2}\right)p_0 x_0,$$

---

[1] Der Kürze wegen ist nur mehr von Kreisplatten die Rede, weil für diese die Ableitung am besten zutrifft. Die Ausführungen gelten mehr minder auch für quadratische und regelmäßige Vieleckplatten.

$$\frac{dp}{dx} = \left(-\frac{1}{x^2} - \frac{4}{b^2}\right) p_0 x_0 \quad \text{und} \quad \left(\frac{dp}{dx}\right)_{x=\frac{b}{2}} = -\frac{8 p_0 x_0}{b^2} \quad \text{(Abb. 25)}$$

Da neben der gleich angenommenen Druckverteilung auch die Abmessung dieser Platte mit der maßgebenden (15 cm) der vorbesprochenen Platte A übereinstimmt, so gelten auch für die Platte B die Werte der Zusammenstellung 7; sie sind mit den Versuchswerten in Abb. 26 nochmals aufgetragen. Auch hier stimmen die Versuchsergebnisse mit den Rechnungswerten etwa für $\alpha_1 = 40^0$ ganz gut überein. Ganz zu erreichen

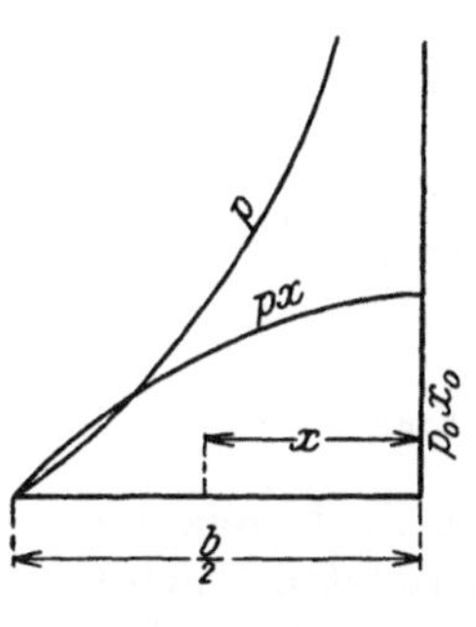

Abb. 25

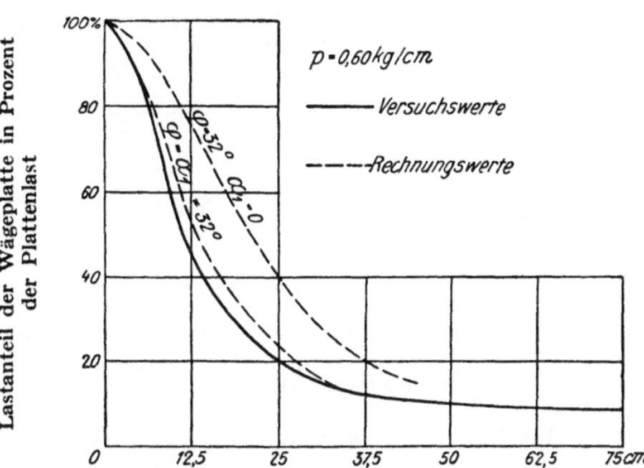

Tiefe der Wägeplatte unter der Lastplatte

Abb. 26. Druckverteilung der Quadratplatte B
Plattengröße: 15 × 15 cm. Druckverteilungsmittel: Sand

wird die parabolische (px)-Kurve nicht sein, denn sie gibt für den Mittelpunkt ∞ große Drücke. Für die Platten C (D) ☐ 30 × 30 cm auf Sand, $p = 016$ kg/cm^2 (2,7 kg/cm^2), $b = 30$ cm und (px) parabolisch gelten wieder die Drucklinienfelder der Abb. 23 und Tafel II, aber im Maßstab 1 cm = 0,58 mm. Man erhält die Werte der Zusammenstellung 8.

Zusammenstellung 8. Druckverteilung einer Platte 30/30 cm
(zu Abb. 27 und Anmerkung 2, S. 19)

Platten C und D ☐ 30/30 cm

Druckfläche		0,7	0,6	0,5	0,4	0,3	0,2	0,1	
Lastanteil %		87,8	79,2	68,8	56,8	43,6	29,6	15,0	%
Tiefe des Schnittp. d. Drucklast m. d. Lotr. d. d. Plattenrand für	$\alpha_1 = 0$	17,0	22,4	28,8	36,6	46	60	87	cm
	$\alpha_1 = \varphi$	9,6	13	17,6	24	30,6	44	69	cm

Diese Werte gelten auch für die □ Platte 30 × 30 auf Sand, $p =$ = 1,5 — 3,0 kg/cm² (Organ 1915, H. 22, Abb. 4).

Die zwei Versuchswerte und die Werte der Zusammenstellung 8 sind in Abb. 27 dargestellt. Daß sie sich mit wachsenden Plattenlasten immer

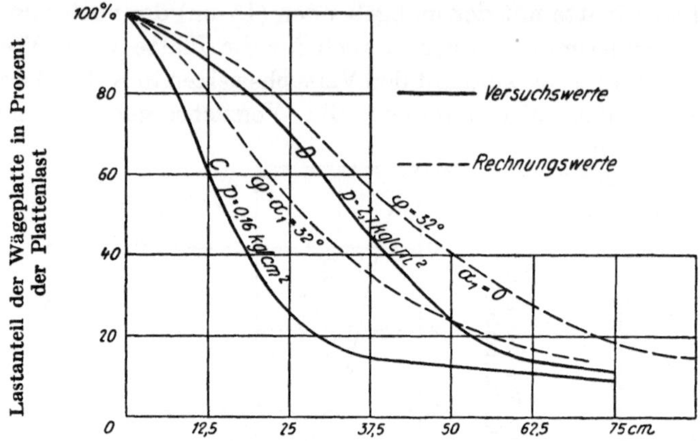

Abb. 27. Druckverteilung einer Quadratplatte
Plattengröße: 30 × 30 cm. Druckverteilungsmittel: Sand

mehr den Rechnungswerten für $a_1 = 0$ nähern, ist nach S. 25 verständlich; desgleichen das günstige Verhalten der schwach belasteten Platte C, für die sich ein größerer Winkel a_1 und damit eine raschere Druckverteilung ergeben muß.

In Abb. 28 sind schließlich noch die Ergebnisse der Druckverteilungsversuche mit Lehm und einem Gemenge von 85% Klai, 10% Sand und 5% Lehm den Rechnungsergebnissen (nach Zusammenstellung 8) gegenübergestellt. Die Platten waren in beiden Fällen □ 30 × 30 cm, die Plattenbelastungen betrugen

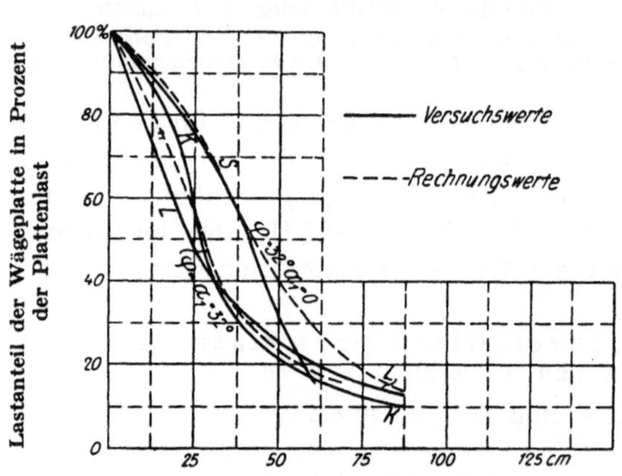

Abb. 28. Druckverteilung einer Quadratplatte
Plattengröße: 30 × 30 cm
Druckverteilungsmittel: S = Sand, K = Klai,
L = Lehm

025 — 5 kg/cm². Das Verhalten des Lehms entspricht etwa dem eines Sandes $\varphi = 30^0$. Das unregelmäßige Verhalten des Gemenges ist mangels näherer Versuchsbeschreibung nicht verläßlich zu erklären.

c) Druckverteilungskörper

Versucht man, aus diesen Versuchen die Gestalt eines Druckverteilungskörpers abzuleiten, so kommt man auf die altbekannte Abb. 29, die mit den Annahmen der verschiedenen Bestimmungen für Eisen-, Beton- und Eisenbetonbrücken nichts gemein hat. Zu erwähnen ist noch, daß der Druckverteilungskörper nur ein gedachter ist und daß seine Gestalt nicht nur von der Form, Größe, Einheitsbelastung und Tiefenlage der Platte abhängt, sondern beispielsweise auch von dem Größenverhältnis der Last- zur Wägeplatte.

Abb. 29

d) Allgemeine Versuchsergebnisse

Die Versuche mit Sand, Platten $\square$ 30 $\times$ 30 cm und Plattenlasten von 015 — 2,7 kg/cm² ergaben ferner: „Die Ladeplatte begann bei Lasten von ungefähr 1,2 kg/cm² in den Sand einzusinken, wenn dieser über 30 cm tief war. Für geringere Tiefen wurde das Einsinken erst deutlich, wenn eine viel größere Last erreicht war.[1] Bei jeder Lastzunahme nach begonnenem Einsinken fand weiteres Einsinken statt. Auf jeder Seite der Ladeplatte trat deutliches Heben und Fließen des Sandes ein. In jedem Falle schienen die Prozente der Übertragung gleichförmig zuzunehmen, wenn größere Lasten angewendet wurden.“ Letzteres zeigte sich auch bei Klai und Lehm. Die größten Lasten (5 kg/cm²) verursachten bei Klai (Lehm) eine durchschnittliche Zunahme von 36 (47)% der von den kleinsten Lasten (025 kg/cm²) erzeugten Übertragung.

20. Einfluß der Reibung zwischen den Laststreifen auf die Druckverteilung

Bisher wurde vorausgesetzt, daß die seitlichen Überdrücke senkrecht zur Drucklinienrichtung wirken. Hält man an dem einfachen Grundsatz der Proportionalität zwischen Pressungen und Längenänderungen fest, so muß man auf Grund der bisher ermittelten Drucklinienfelder (Abb. 23 und Tafel II) annehmen, daß die Senkungen der einzelnen Plattenpunkte (so weit sie von der Zusammendrückung der Streifen herrühren) den dort herrschenden Pressungen und den Längen der Streifen proportional sind. Da aber, nach früherem, die Pressungen vom Plattenrand gegen die Mitte zunehmen und die Streifenlängen auch, so müßten auch die Längenänderungen der Streifen und damit die durch sie verursachten Senkungen der Plattenpunkte vom Rand gegen die Mitte zu wachsen. Die Starrheit der Platte bedingt aber gleiche Senkungen aller Platten-

---

[1] Daß jede Behinderung in der Ausbildung der Widerlagskörper den Erdwiderstand und damit die Tragfähigkeit der Platte erhöht, wurde bereits erwähnt.

punkte. Diese Bedingung ist nur zu erfüllen, wenn neben den Zusammendrückungen der Streifen auch noch Verschiebungen der einzelnen Streifen gegeneinander eintreten. Die Senkung eines jeden Plattenpunktes wird sich somit zusammensetzen aus der Zusammendrückung des betreffenden Streifens und der Summe der durch die Schubspannungen zwischen den einzelnen Streifen bewirkten, gegenseitigen Verschiebung der Streifen zwischen Plattenmitte und dem betreffenden Streifen. Von den gegenseitigen Verschiebungen der Streifen kann man annehmen, daß sie um so größer sein werden, je größer der Unterschied der Zusammenpressungen benachbarter Streifen ist; denn wo letztere gleich sind, ist zu einer Streifenverschiebung kein Grund. Die Schubspannungen werden somit gegen den Plattenrand zu größer sein. Überdies kann man annehmen, daß die Schubspannungen das Maß der Reibung, die bei der Streifenverschiebung eintritt, nicht überschreiten können.

Die Schubspannungen bewirken eine Schrägstellung der ursprünglich senkrecht zur Drucklinie gerichteten Seitenpressungen, welche dort, wo die Schubspannungen den Reibungswiderstand überwinden, den Reibungswinkel erreicht. Die Schubspannungen bewirken ferner eine Entlastung der Randstreifen auf Kosten der weiter gegen die Mitte zu gelegenen Streifen und regeln damit die Druckverteilung. Da mit der Tiefe unter der Platte die Pressungen und ihre Unterschiede immer kleiner werden, die Druckverteilung immer gleichmäßiger wird, so werden die Schubspannungen mit wachsender Tiefe unter der Platte immer kleiner und die seitlichen Pressungen sich somit immer mehr der Drucklimiensenkrechten nähern.

Von Einfluß kann die Schrägstellung der Seitenpressungen nur bei den Drucklinien in unmittelbarer Nähe des Plattenrandes sein, die aber bedeutungslos sind.

Es ist ferner anzunehmen, daß zwar jede Belastungsänderung Streifenverschiebungen bewirkt, aber ebenso, daß einige Zeit nach dieser Änderung sich ein neuer Gleichgewichtszustand herausbildet.

21. Einfluß der Gründungstiefe auf die Druckverteilung

Eine gleichmäßige Druckverteilung ist auch bei einer unter der Geländeoberfläche liegenden Platte im allgemeinen nicht wahrscheinlich, zumindest nicht sofort nach einer Belastungsänderung, wie aus folgender Überlegung hervorgeht. Wird eine Platte in der Tiefe h_1 unter der Oberfläche eines wagrecht abgeglichenen Geländes gleichmäßig mit p belastet, so wird an den Spannungsverhältnissen des Bodens unterhalb der Tiefe h_1 nichts geändert, wenn die Pressung gleich ist dem Gewicht des verdrängten Bodens. $p = h_1 \gamma$. Das Kraftfeld besteht aus lotrechten Schwerkraftlinien. Wir wollen deshalb stets unter Nutzlast nur jenen Wert verstehen, der das Maß $h_1 \gamma$ übersteigt, somit $p - h_1 \gamma$.

Wächst p über das Maß $h_1\,\gamma$, so wird die dadurch bewirkte Steigerung der Seitenpressungen über das Maß $\varepsilon\,h_1\,\gamma$ (den natürlichen Spannungszustand) im angrenzenden Boden den erforderlichen Gegendruck erst durch seine Verdichtung wecken müssen. Diese Verdichtung, durch teilweises Abfließen des Bodens unter den Plattenrändern und Umlagerung der Teilchen im benachbarten Boden, bewirkt einen Abfall der Spannung unter den Plattenrändern, der so weit erfolgen wird, bis die Seitendrücke der Pressungen unter den Plattenrändern dem geweckten Erdwiderstand des unmittelbar angrenzenden Bodens gleich sind.

Die Verteilung der lotrechten und seitlichen Pressungen kann man sich somit im allgemeinen etwa nach Abb. 30 vorstellen, wobei die Zunahme der lotrechten Pressungen vom Rand gegen die Mitte der Platte

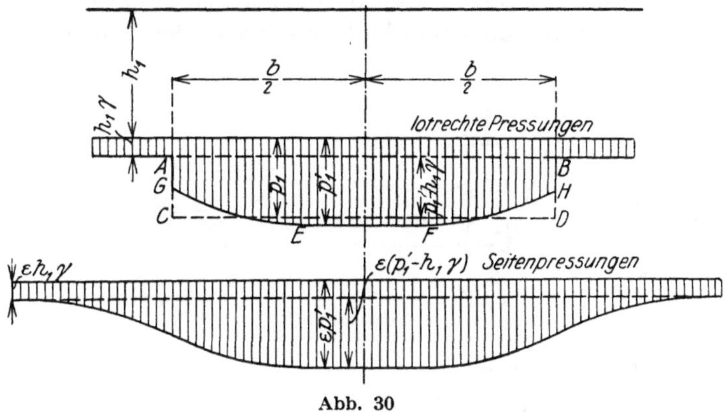

Abb. 30

zu von den Bodeneigenschaften abhängt. Auch da wird sich bei jeder Belastung die möglichst weitgehendste Druckverteilung einstellen, die bestimmt wird durch die Größe des möglichen Erdwiderstandes des angrenzenden unbelasteten Bodens. Je größer die Belastung, desto steiler werden die Drucklinien gegen die Platte anlaufen, desto steiler der gedachte Druckverteilungskörper sein. Da der Erdwiderstand des angrenzenden unbelasteten Bodens mit der Gründungstiefe h_1, wächst, so wird die Druckverteilung um so weitgehender sein, je größer die Gründungstiefe.

Daß im angrenzenden, unbelasteten Boden die Spannung mit zunehmender Entfernung von der Platte abfällt, kann man wohl annehmen.

Mit $p > h_1\,\gamma$ ist somit an den Plattenrändern mit ungleichmäßiger Druckverteilung zu rechnen. Wie weit sie gegen Plattenmitte zu reicht, hängt von der Bodenbeschaffenheit, der Plattenbreite und damit indirekt auch von $p - h_1\,\gamma$ ab. Je größer $p - h_1\,\gamma$, je kleiner die Reibung des Bodens, desto weiter muß die ungleichmäßige Druckverteilung gegen

Plattenmitte zu reichen. Will man eine möglichst gleichmäßige Druckverteilung, so muß man die Belastung um so geringer wählen, je geringer die Plattenbreite ist, denn der an den Plattenrändern durch den Spannungsabfall entstehende Verlust an Spannungsfläche muß durch eine größere Pressung im mittleren Teil der Platte ausgeglichen werden, so daß $ABCD = ABGEFH$ wird. Statt der rechnungsmäßigen Pressung p_1 tritt eine größere Pressung p_1' auf.

22. Größtmögliche Randpressungen

Bei ständiger Steigerung der Plattenlast wird schließlich (mag die Druckverteilung gleichmäßig sein oder nicht) die Randpressung eine Höhe erreichen, welcher der verfügbare Widerstand gerade noch das Gleichgewicht halten kann.

Bezeichnet man für diesen Grenzfall die Plattenlast pro Flächeneinheit mit p_1, so erhält man durch Gleichsetzen des von ihr verursachten Erd-

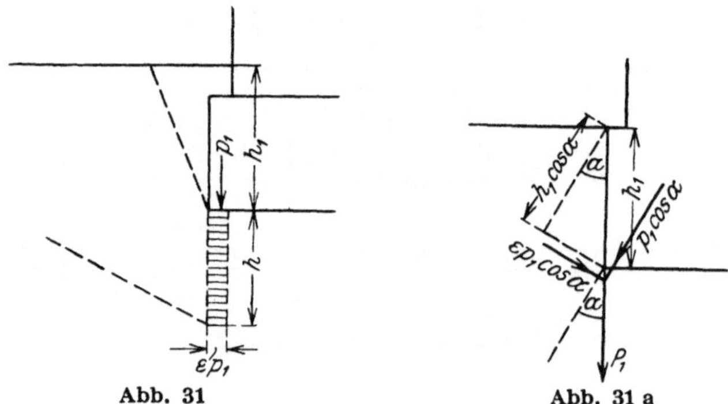

Abb. 31   Abb. 31 a

druckes mit dem der Gründungstiefe h_1 entsprechenden Erdwiderstand nach Abb. 31

$$(31) \qquad \varepsilon p_1 = \varepsilon_1 \gamma h_1; \quad p_1 = \varepsilon_1^2 \gamma h_1$$

(oder nach Abb. 31a $\quad \varepsilon \cdot \varepsilon p_1 \cos \alpha = h_1 \gamma \cos \alpha; \quad p_1 = \varepsilon_1^2 h_1 \gamma$).

Angenommen ist hiebei, daß die Plattensohle parallel zur Geländeoberfläche ist und senkrechte Pressungen erleidet. Diese Formel gibt nachstehende Werte.

Zusammenstellung 9. Größtmögliche Randpressungen $p_1/\gamma h_1$ für wagrechte Gelände, wagrechte Plattensohle und lotrechte Pressungen

φ	20	25	30	32	35	40	45^0
$p_1 : \gamma h_1 = \varepsilon_1^2$	4,16	6,07	9,00	10,59	13,62	21,15	33,9
$(1 - \varepsilon + \sqrt{1 - \varepsilon})$	1,22	1,36	1,48	1,52	1,58	1,66	1,73

Diese Werte sind entschieden zu klein, denn der Boden unter einer Grundplatte wirkt ähnlich wie eine überschüttete Wand; sein Widerstand ist daher größer als in der Formel 31 angenommen ist. Unbestimmt ist im allgemeinen h in der Formel 21, die zur Berechnung des Erdwiderstandes verwendet werden könnte. Einen bestimmteren Wert würde man für eine gleichmäßige Druckverteilung erhalten. Nach Gleichung 21 ist der Erdwiderstand einer überschütteten Wand

$$E = \frac{\varepsilon_1}{2}\, \gamma\, [(h + h_1)^2 - \varepsilon\, h_1{}^2]$$

Vernachlässigt man die Druckverteilung, nimmt man also an, daß sich die Randpressungen ungeschwächt in die Tiefe fortpflanzen, so ist ihr Seitendruck auf die zu bestimmende, gedachte Wandhöhe $\varepsilon\, p_1\, h$, und dieser darf höchstens gleich sein dem Erdwiderstand. Somit

$$\varepsilon\, p_1\, h = \frac{\varepsilon_1}{2}\, \gamma\, [(h + h_1)^2 - \varepsilon h_1{}^2]$$

und

$$p_1 = \frac{\varepsilon_1{}^2}{2}\, \gamma\, \frac{1}{h}\, [(h + h_1)^2 - \varepsilon\, h_1{}^2]$$

Soll sich für p_1 ein Kleinstwert ergeben, so muß

$$\frac{\partial p_1}{\partial h} = \frac{\varepsilon_1{}^2}{2}\, \gamma\, \left\{ -\frac{1}{h^2}[(h + h_1)^2 - \varepsilon h_1{}^2] + \frac{2}{h}\, (h + h_1)] \right\} = 0$$

sein, somit $\quad (h + h_1)^2 - \varepsilon\, h_1{}^2 = 2\, h\, (h + h_1); \quad h^2 = (1 - \varepsilon)\, h_1{}^2$

und
$$h = h_1 \sqrt{1 - \varepsilon}$$

Damit ergibt sich

$$E = \frac{\varepsilon_1}{2}\, \gamma\, h_1{}^2 [(1 + \sqrt{1 - \varepsilon})^2 - \varepsilon] = \varepsilon_1 \gamma\, h_1{}^2 (1 - \varepsilon + \sqrt{1 - \varepsilon}) \qquad (32)$$

Dieser Wert ist $(1 - \varepsilon + \sqrt{1 - \varepsilon})$ mal größer, als der nach Formel 31. Besondere Werte des Faktors $(1 - \varepsilon + \sqrt{1 - \varepsilon})$ sind in Zusammenstellung 9 ausgewiesen.

Betreffs der Größe von p_1 geht man somit jedenfalls sicher, wenn man, bei ausreichender Breite, und wenn andere Umstände nicht eine Ermäßigung bedingen, als zulässigen Wert $p_1 = \varepsilon_1{}^2 \gamma\, h_1\, \dfrac{1 - \varepsilon + \sqrt{1 - \varepsilon}}{2}$ annimmt; dies gibt die Werte der Zusammenstellung 10.

Bei einer Gründung nach Abb. 32 sind die zulässigen Randpressungen geringer (s. Zusammenstellung 22). Für eine 15 cm starke und ebenso hoch eingeschotterte Schwelle würde sich für $\varphi = 45^0$ und $\gamma = 1{,}8\ \text{t/m}^3$

Zusammenstellung 10. Zulässige Pressungen in 1 m Tiefe (siehe auch Zusammenstellung 25, S. 88)

	φ	γ	ε	p kg/cm²
Dammerde, trock.	35—40⁰	1,4 t/m³	0,271—0,217	$\frac{1,58}{2} \times 13,6 \times 1,4 = 15,0\,t/m² = 1,5\,kg/cm²$ bis $\frac{1,66}{2} \times 2,11 \times 1,4 = 2,4\,kg/cm²$
natürlich feucht	45⁰	1,6	0,172	$\frac{1,73}{2} \times 33,9 \times 1,6 = 47\,t/m² = 4,7\,kg/cm²$
gesättigt naß	27⁰	1,8	0,376	$\frac{1,41}{2} \times 7,1 \times 1,8 = 9\,t/cm² = 0,9\,kg/cm²$
Sand, trocken	30—35⁰	1,58—1,65	0,333—0,271	$\frac{1,48}{2} \times 0,90 \times 1,58 = 1,05\,kg/cm²$ bis $\frac{1,58}{2} \times 1,36 \times 1,65 = 1,7\,kg/cm²$
natürlich feucht	40⁰	1,8	0,217	$\frac{1,66}{2} \times 21,1 \times 1,8 = 31,2\,t/m² = 3,1\,kg/cm²$
gesättigt naß	25⁰	2,0	0,406	$\frac{1,36}{2} \times 6,07 \times 2,0 = 8,2\,t/m² = 0,8\,kg/cm²$
Lehm, trocken	40—45⁰	1,5	0,217	$\frac{1,66}{2} \times 2,11 \times 1,5 = 2,6\,kg/cm²$ bis $\frac{1,73}{2} \times 3,39 \times 1,5 = 4,4\,kg/cm²$
naß	20—25⁰	1,9	0,490—0,406	$\frac{1,22}{2} \times 0,416 \times 1,9 = 0,5\,kg/cm²$ bis $\frac{1,36}{2} \times 0,607 \times 1,9 = 0,8\,kg/cm²$
Ton, trocken	40—50⁰	1,6	0,217—0,132	$\frac{1,66}{2} \times 0,211 \times 1,6 = 2,8\,kg/cm²$ bis $\frac{1,86}{2} \times 5,68 \times 1,6 = 8,4\,kg/cm²$
naß	20—25⁰	2,0	0,490—0,406	$\frac{1,22}{2} \times 0,416 \times 2,0 = 0,5\,kg/cm²$ bis $\frac{1,36}{2} + 0,607 \times 2,0 = 0,8\,kg/cm²$
Kies, trocken	35—40⁰	1,8—1,85	0,271—0,217	$\frac{1,58}{2} \times 1,36 \times 1,8 = 1,9\,kg/cm²$ bis $\frac{1,66}{2} \times 2,11 \times 1,85 = 3,2\,kg/cm²$
Geröll, eckig	45⁰	1,8	0,172	$\frac{1,73}{2} \times 33,9 \times 1,8 = 52\,t/m² = 5,2\,kg/cm²$
rund	30⁰	1,8	0,333	$\frac{1,48}{2} \times 9,00 \times 1,8 = 12\,t/m² = 1,2\,kg/cm²$

Die Werte φ und γ für die verschiedenen Bodenarten sind Müller-Breslau „Erddruck auf Stützmauern" entnommen.

als größtmögliche ruhende Randpressung (bei ausreichender Breite) nach Zusammenstellung 9 ergeben

$$1{,}73 \times 33{,}9 \times 015 \times 1{,}8 = 16\ \text{t/m}^2 = 1{,}6\ \text{kg/cm}^2,$$
$$\text{für}\ \varphi = 50^0\ 1{,}86 \times 5{,}68 \times 015 \times 1{,}8 = 29\ \text{t/m}^2 = 2{,}9\ \text{kg/cm}^2.$$

Je größere Pressungen man zuläßt, mit desto größeren Setzungen und allenfalls auch seitlichen Bewegungen im Boden muß man rechnen. Die Größe der zulässigen Pressungen wird somit oft mit Rücksicht auf die Art des Bauwerkes eine Einschränkung erfahren müssen.

Die Werte der Zusammenstellung 10 setzen eine ausreichende Mächtigkeit der tragenden Bodenschichte voraus, falls letztere auf einem minder tragfähigen Boden ruht, denn nach S. 10 hängt die Druckverteilung und damit natürlich auch die Tragfähigkeit von der Schichtung des Bodens ab.

Bei Straßenbetondecken bedingt die ungenügende Tragfähigkeit des seicht liegenden Betonuntergrundes eine Verstärkung der Ränder der

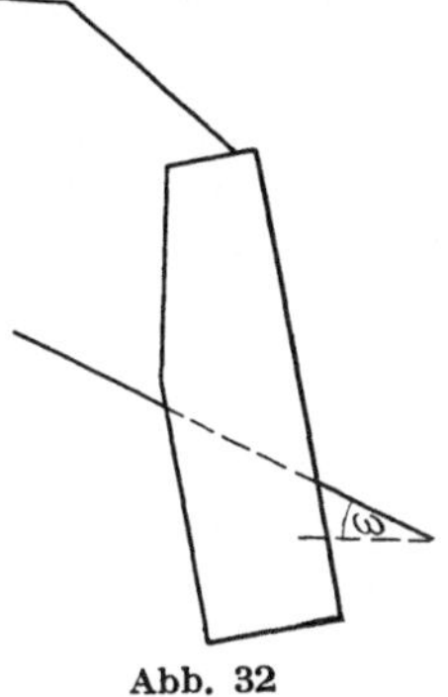

Abb. 32

Ränder der Betondecke. Die größtmögliche Zunahme der Pressungen vom Plattenrand gegen die Mitte muß größer sein, als bei Platten, die auf dem Gelände liegen ($h_1 = 0$), und zwar umso größer, je größer h_1 ist; denn der Erdwiderstand wächst mit der Überschüttungshöhe (Gründungstiefe) h_1 rascher.

23. Einfluß der inneren Reibung auf die Druckverteilung

Nach Gleichung 24 wächst der Krümmungshalbmesser der Drucklinien mit der Reibung des Bettungsstoffes. Die Druckverteilung einer besseren Bettung ist somit eine langsamere, aber gleichmäßigere (und nur auf die Gleichmäßigkeit kommt es an) und um voll zur Geltung zu kommen, braucht eine bessere Bettung eine größere Stärke. Die Überlegenheit besserer Bettung beruht aber auch auf der größeren möglichen Randbelastung bei Vollschotterung und der größeren Tragfähigkeit. Die Druckverteilung ist somit schon unmittelbar unter der Schwelle eine gleichmäßigere. Eine Bettung geringerer Reibung verteilt den Druck rascher aber ungleichmäßiger, bewirkt somit Druckgefälle und gibt damit Anlaß zum Aufsteigen des Untergrundes zwischen den Schwellen. Eine auch nur annähernd gleichmäßige Druckverteilung ist nur durch möglichst dichte Schwellenlage zu erzielen.

Denkt man sich für jede Schwelle ein Drucklinienfeld nach Art der Tafel VI (wobei die Art der Druckverteilung der Schwellen gleichgültig ist), so ist es klar, daß eine gegenseitige Verspannung der Drucklinien benachbarter Schwellen eintreten muß.[1] Da ferner nach Abb. 16 der Krümmungshalbmesser der Drucklinien mit dem Reibungswinkel des Bettungsstoffes und der Größe der möglichen Randpressungen zunimmt, so muß das Maß der Verspannung mit der Reibung des Bettungsstoffes und der Höhe und dem Gewicht der Vollschotterung wachsen. Sie muß auch um so wirkungsvoller sein, je geringer die Belastungsunterschiede benachbarter Schwellen sind, je besser also die Lastverteilung durch die Fahrzeuge ist. Aus vorstehendem geht ferner hervor, daß im allgemeinen den Randpressungen nur der passive Erddruck der anliegenden Vollschotterung entgegenwirkt, den nächsten Schichten die Verspannung der Drucklinien zugute kommt und daß nur die Pressungen des mittleren Teiles der Schwellen unmittelbar auf den Unterbau übertragen werden.

24. Unsymmetrische Druckverteilung

Die bisher vorausgesetzte spiegelgleiche Druckverteilung wird sich nur dort entwickeln, wo beiderseits der Platte gleiche Verhältnisse bestehen. Bietet aber eine Seite einen größeren Widerstand, so wird

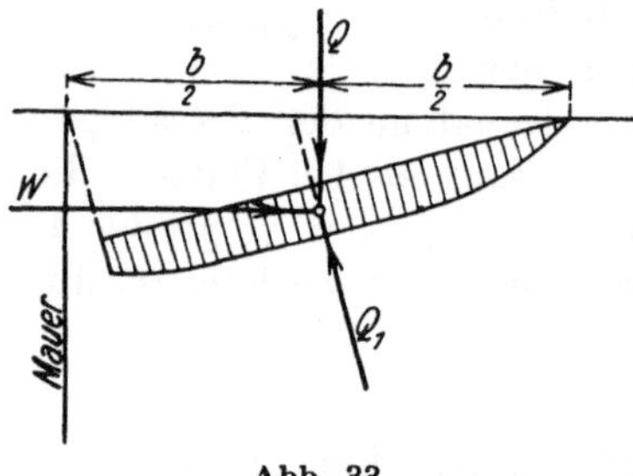

Abb. 33

diese Seite den größeren Lastanteil übernehmen müssen; die Druckverteilung wird unsymmetrisch. Liegt insbesondere die Platte unmittelbar an einer Mauer, so kann eine Druckverteilung etwa nach Abb. 33 eintreten. Weil Q_1 nicht mehr wie Q in der Mitte angreift, kann das Gleichgewicht nur durch einen Widerstand W erhalten werden, der umso größer werden muß, je ungleicher die Druckverteilung durch Q_1 ist.

25. Drucklinienfelder von Dämmen

Nach den bisherigen Überlegungen hängt die Gestalt der Drucklinien im allgemeinen nur vom Reibungswinkel der Bodenart und der Druckverteilung ab. Soweit sich letztere nicht mit der Geländegestaltung ändert, gelten also die bisher besprochenen Drucklinien auch für andere Geländeoberflächen, beispielsweise Dämme. Wesentlich beeinflußt wird aber durch die Geländeoberfläche die Tragfähigkeit. Klar gegeben sind die Belastungsverhältnisse, die Druckverteilung und damit die Drucklinien bei Teichdämmen.

26. Drucklinienfelder schiefer Drücke

Bisher wurden Pressungen senkrecht zur Platte vorausgesetzt. Handelt es sich um schiefe Pressungen (beispielsweise die Drücke eines

---

[1] Bräuning, „Die Grundlagen des Gleisbaues", Abb. 40.

Wagenrades in der Steigung), so ist zunächst zu beachten, daß die Hauptdruckrichtungen im Boden nach S. 6 nicht mit der Lastrichtung zusammenfallen. Dadurch wird der Winkel der Hauptdruckrichtung mit der Geländeoberfläche noch spitzer, die Dichte der Drucklinien talwärts somit größer, bergwärts geringer und die Tragfähigkeit talwärts wesentlich geringer. Noch ungünstiger werden die Verhältnisse durch Zug- oder Schubkräfte am Radumfang (beim Anfahren und Bremsen).

III. Erddruck

27. Nachrechnung der Versuche von Müller-Breslau

Wie bei der Nachrechnung der amerikanischen Druckverteilungsversuche der Lastanteil der lotrecht unter der Lastplatte befindlichen Wägeplatte bestimmt wurde, so läßt sich auch der Lastanteil einer beliebig gestalteten und in beliebiger Lage zur Lastplatte befindlichen Wand, also der Erddruck auf diese Wand, infolge einer Streckenlast (einer gleichmäßig verteilten Last kurzer Belastungslänge) ermitteln, wenn die Druckverteilung und mit ihr das Drucklinienfeld gegeben sind.

Aus den Drucklinienfeldern Abb. 23 und Tafel II ist ohne weiteres ersichtlich, daß auch die natürlichen Böschungslinien, die man sich etwa durch die Ränder der Lastplatte gezogen denkt, den unter dem Einfluß der Last stehenden Raum nicht begrenzen. Die Druckausstrahlung reicht darüber hinaus, theoretisch in das Unendliche. Damit ist die Erklärung für diese sonst gewiß vielen bekannte Tatsache gegeben·

Nach Abb. 9 und Zusammenstellung 2 ist der Druck, den eine Wand senkrecht zu ihrer Flucht durch eine schief anlaufende Kraft erleidet, für kleine Reibungswinkel des Bodens, ziemlich unabhängig von dem Winkel β, den die Wand mit der Kraftrichtung einschließt. Für den Versuchssand Müllers, Breslau, ($\varphi = 32^0$) ergeben sich beispielsweise für Winkel $\beta = 30$ bis 90^0 senkrechte Drücke auf die Mauer, die nur zwischen 92 und 100% der schiefen Kraft schwanken. Man kann daher annähernd schon aus der Tafel II ablesen, daß die wagrechte Teilkraft des Erddruckes auf die Wand (der Druck senkrecht auf die Wand) bei 100 cm Abstand von der Lastplatte und $a_1 = 0$ verursacht wird durch die ganzen Lastanteile zwischen den Drucklinien 0,4 und 0,6, d. s. $5,2 + 6,0 = 11,2\%$ und etwa $^1/_2$ des Lastanteiles zwischen den Drucklinien 0,3 und 0,35 d. s. $^1/_2$ 3,2 = 1,6%, sowie etwa $^1/_4$ des Lastanteiles zwischen den Drucklinien 06 und 065, d. s. $^1/_4$ 2,28 = 057% und im ganzen somit höchstens $11,2 + 1,6 + 057 = 13,37\%$ der Plattenlast betragen kann. Aus Abb. 23 würde man in gleicher Weise erhalten, daß die wagrechte Teilkraft des Erddruckes etwas kleiner sein wird als $0,8 \times 6,6 + 6,0 + 050 \times 5,2 = 13,9\%$ der Plattenlast. Letztere betrug 735,4 kg. Gemessen wurde die

Zusammenstellung 11. Nachrechnung des Druckes auf die Wand in 100 cm Abstand (nach Tafel II)

Druck-linie	β	Mittel β	Lastanteil des Streifens¹ %	Wagrechter Wanddruck in %		Hebel-arm³ cm	Moment	Lotrechter Wanddruck in %	
				des schiefen Druckes²	der Plattenlast			des schiefen Druckes	der Plattenlast
0,6	42⁰		$\frac{1}{4}$ 2,28	93	$0,93 \times 0,57 = 0,53$	72,4	$0,53 \times 72,4 = 38$		$0,47 \times 0,57 = 0,27$
		48⁰	2,51	93	$0,93 \times 2,51 = 2,33$	63	$2,33 \times 60 = 140$	46,2	$0,462 \times 2,51 = 1,16$
0,55	55⁰	60⁰	2,72	95,4	$0,954 \times 2,72 = 2,59$	45,5	$2,59 \times 43,5 = 113$	34,7	$0,347 \times 2,72 = 0,94$
0,5	65⁰	70⁰	2,90	97,8	$0,978 \times 2,90 = 2,84$	30	$2,84 \times 30 = 85$	23,7	$0,237 \times 2,90 = 0,69$
0,45	74⁰	78⁰	3,07	99	$0,99 \times 3,07 = 3,04$	16	$3,04 \times 16 = 49$	12,5	$0,125 \times 3,07 = 0,38$
0,4	82⁰		$\frac{1}{2}$ 3,2	99	$0,99 \times 1,6 = 1,58$	5	$1,58 \times 4 = 6$	12	$0,12 \times 1,60 = 0,19$
					Summe 12,91		Summe 431		Summe 3,60

¹ Nach Zusammenstellung 5. = ² Nach Abb. 9. — ³ Höhe des Angriffspunktes über dem Boden.

wagrechte Teilkraft des Erddruckes des Sandes allein unmittelbar vor dem Aufbringen der Last mit 119,4 kg, unmittelbar nach dem Aufbringen der Last mit 176,7 kg, daher war der Erddruck der Plattenlast allein $176,7 - 119,4 = 57,3$ kg oder 7,8% der Plattenlast.

Die Wand in 50 cm Abstand würde nach Tafel II höchstens einen wagrechten Erddruck aufnehmen müssen von $0,6 \times 6,6 + 6,0 + {} + 5,2 + 4,3 + 0,7 \times {} \times 3,3 = 21,8\%$ der Plattenlast und nach Abb. 23 $\frac{1}{5}$ $7,0 + 6,6 + {} + 6,0 + 5,2 + 4,3 + {} + \frac{1}{10} 3,3 = 23,8\%$ der Plattenlast. Gemessen wurde ein wagrechter Erddruck des Sandes allein mit 112,5 kg, und unmittelbar nach der Belastung mit 250,4 kg; der wagrechte Erddruck der Plattenlast betrug daher $250,4 - {} - 112,5 = 137,9$ kg oder $137,9 : 7,354 = {} = 18,7\%$ der Plattenlast. Die Wand in 10 cm Abstand würde nach Tafel II höchstens einen wagrechten Erddruck aufnehmen müssen von $^1/_4$ 7,3 + + 7,0 + 6,6 + 6,0 + 5,2 + 4,3 + 3,3 + 2,1 + $^1/_2$ 0,7 = 36,7 %, und nach Abb. 23 $^2/_3$ 7,3 + 7,0 + 6,6 + 6,0 + 5,2 + 4,3 + 3,3 + 2,1 = = 39,4%. Gemessen wurde der wagrechte Druck des Sandes mit 118,8 kg, der wagrechte Druck unmittelbar nach dem Aufbringen der Last (418,8 kg) mit 297,2 kg; somit verursachte die Plattenlast allein einen wagrechten Erddruck von 297,2 — 118,8 = 178,4 kg oder 42,6% der Plattenlast.

Die Wand in 1 cm Abstand würde nach Tafel II höchstens einen wagrechten Erddruck aufnehmen müssen von 50 — 7,5 = 42,5%, und nach Abb. 23 50 — $^3/_4$ 7,5 = 44,4% der Plattenlast. Gemessen wurde der wagrechte Druck des Sandes unmittelbar vor seiner Belastung mit 117,4 kg und unmittelbar nachher 267,4 kg. Der wagrechte Erddruck infolge der Nutzlast von 314,4 *kg* betrug daher 267,4 — 117,4 = 150,0 kg oder 47,8% der Plattenlast.

Daß die Rechnung bei kleinem Wandabstand zu kleine, bei großen Wandabständen zu große Werte gibt, rührt daher, daß sich die Druckverteilung nach den Widerstandsverhältnissen des Bodens richtet. Bei großem Wandabstand (100 cm) mußten die mittleren Drucklinien mehr als rechnungsmäßig übernehmen, weil der Boden der Platte näher war (74,4 cm), somit einen größeren Widerstand bot.

Überdies geht ein um so größerer Teil des aufgewendeten Druckes durch Reibung an den Seitenwänden des Kastens verloren, je größer der Wandabstand.

Für eine Nachrechnung braucht man zunächst den Winkel der Drucklinien mit der Mauerflucht. Nach Abb. 9 reicht die Angabe auf Grade vollkommen aus; man mißt ihn daher genau genug im Drucklinienplan ab. In Tafel II ist bei lotrechter Wand der gesuchte Winkel gleich jenem, den der Leitstrahl von seiner Nullage (entsprechend dem Plattenpunkt) bis zum Schnittpunkt der Drucklinie mit der Wand zurückgelegt hat. In Abb. 23 ist der Winkel noch um das Maß der Neigung der Drucklinientangente im Plattenpunkt größer. Beispielsweise bei $\alpha_1 = 32^0$ für die Drucklinie 07 um 0,7 × 32^0 = 22^0 24'. In den Tafeln I bis VI ist der Winkel der Drucklinien mit der Lotrechten von 10 zu 10^0 angegeben. Zusammenstellung 11 enthält eine solche Nachrechnung für die Wand in 100 cm Abstand.

Die Höhe des Angriffspunktes des Erddruckes ergibt sich mit

$$431 : 12,91 = 33,7 \text{ cm oder } 33,7 : 74,4 = 0,452$$

der Wandhöhe (letztere betrug 74,4 cm).

Bei den Versuchen lag der Angriffspunkt des Erddruckes des Sandes allein (119,4 kg) in 0363 der Wandhöhe, des Erddruckes infolge Sand und Plattenlast (176,7 kg) in 0382 der Wandhöhe. Daraus ergibt sich die

Höhe des Angriffspunktes des Erddruckes infolge der Plattenlast in

$$\frac{176,7 \times 0382 - 119,4 \times 0363}{176,7 - 119,4} = 0422 \text{ der Wandhöhe.}$$

Der Unterschied zwischen dem zuletzt berechneten Werte für den wagrechten Erddruck (12,91%) und dem früher einfacher ermittelten (13,37%) ist sehr gering. Ähnliche kleine Unterschiede ergeben sich auch bei der Nachrechnung des Erddruckes für die anderen Wandabstände für $\alpha_1 = 0$ und $\alpha_1 = \varphi$. Es soll deshalb nachstehend nur noch der Erddruck auf die Wand in 50 cm Abstand nachgerechnet werden, welcher Fall von Müller-Breslau eingehender behandelt wurde.

Die Höhe des Angriffspunktes des Erddruckes ergibt sich annähernd mit $645 : 21,49 = 30,2$ cm oder in $30,2 : 74,4 = 0406$ der Wandhöhe. Bei den Versuchen lag der Angriffspunkt des Erddruckes des Sandes allein (112,5 kg) in 0,358 der Wandhöhe, des Erddruckes infolge Sand und Plattenlast (250,4 kg) in 0,420 der Wandhöhe. Daraus ergibt sich die Höhe des Angriffspunktes des Erddruckes infolge der Plattenlast allein, unmittelbar nach der Belastung, in $\dfrac{250,4 \times 0420 - 112,5 \times 0358}{250,4 - 112,5}$

$= 0,47$ der Wandhöhe, später verringerte sie sich auf 0,45. Der lotrechte Wanddruck würde nach dieser Rechnung durch die Plattenlast eine Verringerung um 0,3% erfahren, nach den Versuchen dagegen erfuhr er unmittelbar nach der Belastung eine Vergrößerung um $70,6 - 58,2$ kg oder $1,7\%$ der Plattenlast, welcher Wert später noch auf 3,2% anwuchs. Rechnungsmäßig würde sich ein wagrechter Wanddruck von $112,5 + 02149 \times 735,4 =$ $= 270,1$ kg und ein lotrechter Wanddruck von $58,2 - 0,0034 \times 735,4 =$ $= 55,7$ kg ergeben, somit eine Neigung des Wanddruckes gegen die Wagrechte von $55,7 : 270,1 \doteq 0,21$ oder $12^0 0$. Der Versuch ergab unmittelbar nach der Belastung $15^0 46'$, welcher Wert während der folgenden Tage bis auf $19^0 59'$ anstieg. Unmittelbar vor der Belastung betrug die Neigung $27^0 22'$ und an den vorhergegangenen Tagen $25^0 32'$ bis $28^0 20'$. Die Last von 735,4 kg (gußeiserne Platten) hat Müller-Breslau nach und nach in sieben Schichten im Verlauf von 45 Minuten aufgebracht. Dabei änderte sich die Neigung des Erddruckes gegen die Wagrechte δ in nachstehender Weise. Unmittelbar vor dem Aufbringen der ersten Schicht war $\delta = 27^0 22'$ (wie bereits erwähnt); mit dem Aufbringen der ersten bis siebenten Schicht änderte es sich auf $\delta = 24^0 39', 22^0 38', 21^0 37', 19^0 55', 18^0 48', 17^0 32', 15^0 46'$. Diese stete Verringerung der Neigung des Erddruckes mit dem Aufbringen der Einzellast ist eine Folge ihres mit ihrer Größe steigenden Einflusses auf die Neigung des Erddruckes. Nach den Drucklinien wäre in diesem Falle der Erddruck infolge der Einzellast allein annähernd wagrecht und es ist anzunehmen, daß der Versuchswert der Neigung des Erddruckes des belasteten

Zusammenstellung 12. Nachrechnung des Erddruckes auf die Wand in 50 cm Abstand (nach Tafel II)

Druck-linie	β	Mitt-leres β	Lastanteil des Streifens[1] %	Wagrechter Wanddruck in %		Hebel-arm[3] cm	Moment	Lotrechter Wanddruck in %	
				des schiefen Druckes[2]	der Plattenlast			des schiefen Druckes	der Plattenlast
0,75	48°	47°	0,4 × 1,50	93	0,93 × 0,60 = 0,56	71,0	0,56 × 71,0 = 40	47,1	060 × 0,471 = 0,283
0,7	62°	55°	1,78	94,3	0,943 × 1,78 = 1,68	61,4	1,68 × 61,4 = 103	39,6	1,78 × 0,396 = 0,705
0'65	72°	67°	2,04	97,1	0,971 × 2,04 = 1,98	51,4	1,98 × 51,4 = 102	27,0	2,04 × 0,270 = 0,551
0,6	81°	76°	2,28	98,7	0,987 × 2,28 = 2,25	44,1	2,25 × 44,1 = 99	16,8	2,28 × 0,168 = 0,383
0,55	88°	84°	2,51	99,6	0,996 × 2,51 = 2,50	36,6	2,50 × 36,6 = 92	5,1	2,51 × 0,051 = 0,128
0,5	— 86°	— 89	2,72	100,0	1,000 × 2,72 = 2,72	30,1	2,72 × 30,1 = 82	— 1,2	— 2,72 × 0,012 = — 0,033
0,45	— 80°	— 83	2.90	99,5	0,995 × 2,90 = 2,88	22,1	2,88 × 22,1 = 63	— 8,5	— 2,90 × 0,085 = — 0,256
0,4	— 74°	— 77	3,07	98,8	0,988 × 3,07 = 3,04	14,4	3,04 × 14,4 = 44	— 15,7	— 3,07 × 0,157 = — 0,482
		— 70	0,6 × 6,6	98	0,98 × 3,96 = 3,88	5,2	3,88 × 5,2 = 20	— 23,7	— 0,6 × 6,6 × 0,237 = — 0,940
					Summe 21,49		Summe 645		Summe + 0,339

[1] Nach Zusammenstellung 5. — [2] Nach Abb. 9. — [3] Höhe des Angriffspunktes über dem Boden.

Sandes (15⁰ 46′) dem Rechnungswert (12⁰ 0′) näher gekommen wäre, wenn die Belastung rascher aufgebracht worden wäre; denn die Vergrößerung der Neigung ist eine Folge der nachträglichen Setzungen. Bei Bauten mit wiederholten, kurz dauernden beweglichen Belastungen wird man deshalb den Erdruck infolge der Nutzlast wagrecht annehmen.

Den Versuch mit 1 cm Wandabstand hat Müller-Breslau durchgeführt mit einer Nutzlast von 314,4 kg oder $p = 314,4 : 27 = 11,65\,\text{kg/cm}$. Die obere Breite des Bruchkeiles nach der Coulombschen Theorie ist 41,2 cm (ohne Wandreibung). Wäre letztere Länge mit 11,65 kg/cm belastet, so sollte der wagrechte Druck dieser Last auf die Wand betragen $\varepsilon\,p\,h = 0307 \times 11,65 \times 74,4 = 266$ kg (ohne Wandreibung). Auf 27 cm Belastungsbreite würde entfallen $\dfrac{27}{41,2} \cdot 266 = 0656 \times 266 = 174$ kg. Gemessen wurden nur $267,4 - 117,4 = 150$ kg oder 86% bei 14,5 cm Mittenabstand der Last (054 Plattenbreiten).

Bei 10 cm Wandabstand war $p = 418,8 : 27 = 15,5\,\text{kg/cm}$, $\varepsilon\,p\,h = 22,8 \times 15,5 = 354$ kg. Auf 27 cm Belastungsbreite würden entfallen $0656 \times 354 = 232$ kg, gemessen wurden $297,2 - 118,8 = 178,4$ kg oder 77% bei 23,5 cm Plattenmittenentfernung (0,87 Plattenbreiten). Bei 50 cm Wandabstand war $p = 735,4 : 27 = 27,2\,\text{kg/cm}$, $\varepsilon\,p\,h = 22,8 \times$

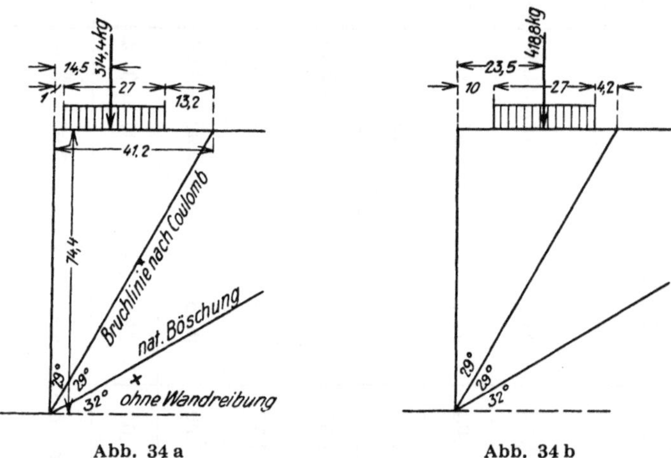

Abb. 34 a Abb. 34 b

$\times$ 27,2 = 620 kg. Auf 27 cm Belastungsbreite entfallen davon $0,656 \times 620 = 407$ kg, gemessen wurden $250,4 - 112,5 = 137,9$ kg oder 34% bei 635 cm Plattenmittenentfernung (2,35 Plattenbreiten).

Bei 100 cm Wandabstand war wie vor $p = 27,2\,\text{kg/cm}$, $\varepsilon\,p\,h = 620$ kg. Auf 27 cm Belastungsbreite entfallen davon 407 kg; gemessen wurden $176,7 - 119,4 = 57,3$ kg oder 14% bei 113,5 cm Plattenmittenentfernung (4,22 Plattenbreiten).

Trägt man die Plattenmittenentfernungen auf einer Abszissenachse und die vorermittelten Prozente als Ordinaten auf, so kann man aus den Werten für 14,5 und 23,5 cm auf 100% für die Entfernung θ schließen

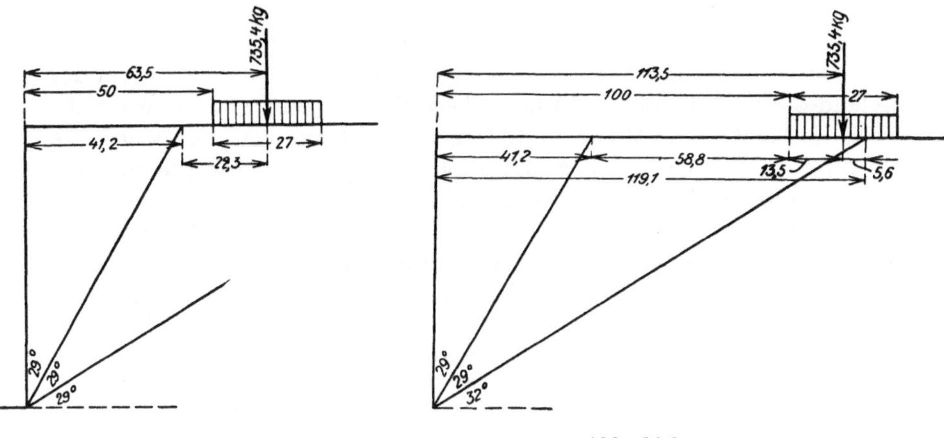

Abb. 34 c   Abb. 34 d

$$\left(86+\frac{86-77}{23,5-14,5}\cdot 14,5 = 100\%\right)$$ Für 63,5 cm Plattenmittenabstand

hätte sich bei den Versuchen wahrscheinlich ein größerer Wert ergeben, wenn die Last, wie in den anderen Fällen, auf einmal aufgebracht worden wäre und nicht allmählich im Verlauf von 45 Minuten.

Bei Versuchen mit gleichmäßig verteilter Last von 362 kg/m², die sich über die ganze Kastenlänge erstreckte, fand Müller-Breslau einen schiefen Erddruck von $216 - 132 = 84$ kg. Rechnungsmäßig würde sich für eine Wandreibung von 32⁰ (gemessen wurden 27⁰ 45′) ergeben $0,283 \times 74,4 \times 3,62 \times \times 1,05 = 80$ kg. (Die Kastenbreite war 1,05 m.)

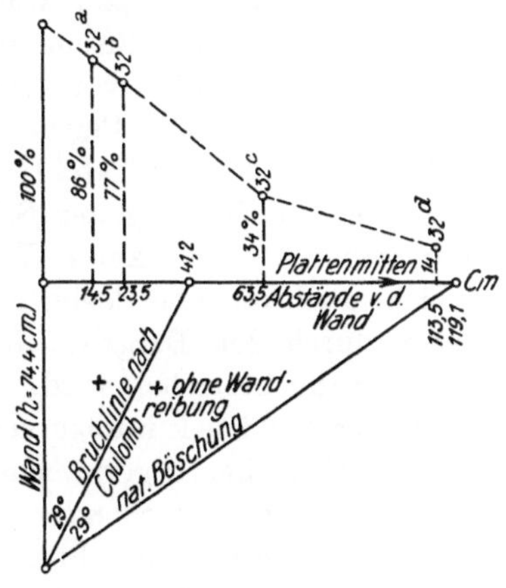

Abb. 35

Nach diesen Versuchen muß man somit in Übereinstimmung mit der Drucklinientheorie annehmen, daß die Coulombsche Theorie für den Erddruck einer gleichmäßig verteilten Nutzlast nur gilt für eine sich in das Unendliche erstreckende gleichmäßig verteilte Last; in diesem Falle sind die Drucklinien lotrechte Schwerkraftlinien. Eine Streckenlast erzeugt gekrümmte Drucklinien; ihr Druck auf eine lotrechte Wand muß deshalb kleiner sein, als ihn die Coulombsche Theorie ergibt (so lange die Druckverteilung symmetrisch ist).

28. Einfluß der Geländeform

Aus Tafel II und Abb. 23 geht ferner hervor, daß auch die Form des Geländes die Größe des Erddruckes beeinflussen kann. Würde beispielsweise in Tafel II die Wand in 100 cm Abstand nur von der Oberfläche bis zur Drucklinie 0,5 reichen (d. s. rund 40 cm Höhe), so würde der Erddruck auf diese Wand zweifellos größer werden, wenn sich die Drucklinie 0,5 ausbilden könnte (also bei einer· Tiefe des Versuchskastens von mindestens 50 cm), als wenn die Kastentiefe gleich der Wandhöhe wäre. In letzterem Falle käme der Laststreifen von 2,72% der Plattenlast (zwischen den Drucklinien 0,5 und 055 nicht zur Geltung, denn die Drucklinie 055 schneidet die Wand in 50 cm Abstand in rund 42 cm Tiefe. Die Wand erhielte somit nach Tafel II und Zusammenstellung 5 nur $\frac{1}{4}$ 2,28 + 2,51 = 3,08% der Plattenlast statt 3,08 + 2,72 = 5,80%, oder nur 3,08 : 5,80 = 53% jenes wagrechten Druckes, den sie aufnehmen müßte, wenn der Boden 50 cm tief wäre.

Bei geringem Ansteigen des Bodens von der Wand gegen die Last zu, könnte die Wand dem Einflusse der Last auch ganz entzogen werden. Im vorerwähnten Beispiel würde ein Ansteigen des Bodens von der Wand (40 cm) bis auf 30 cm in 50 cm Abstand genügen, um den Erddruck der Plattenlast von der Wand fernzuhalten, auch wenn der Boden dann gegen die Platte zu beliebig fallen würde.

Nach Abb. 23 und Tafel II ist auch das Aufquellen von Baugrubensohlen und die Hebung der Sohle des Chicago-Flusses durch die Last der an seinen Ufern erbauten Wolkenkratzer[1] verständlich. Verständlicher vielleicht auch manche Beeinflussung von Gebäuden, Brücken und Bahnanlagen durch den Bergbau, auch wenn dieser in größerer Entfernung von der Bahn betrieben wird.

Da der Erddruck infolge von Einzellasten eine Abhängige der durch diese Einzellast hervorgerufenen Druckverteilung ist, muß besonders bei Baugruben längs bestehender Bauten (städtische Untergrundbahnen)[1] auf eine tunlichste Aufrechterhaltung der bestehenden Bodenspannung und der durch sie bedingten Druckverteilung Bedacht genommen werden. Jede Störung ruft Druckkräfte wach. Das Abgraben des Bodens längs Gebäuden muß zu um so größeren Änderungen der bestehenden und einer um so ungleichmäßigeren Druckverteilung, sowie um so größeren Drücken

---

[1] F. Musil, Wien, „Die Absteifung von Baugruben für städtische Untergrundbahnen", Organ 1916, H. 15.

gegen die Baugrube führen, je größer die bestehende Bodenpressung durch das Gebäude ist, je tiefer abgegraben wird und je geringer der Abstand der Baugrube vom Gebäude ist. Von diesen Umständen würde auch bei vollkommener Aufrechterhaltung der Spannungsverhältnisse im Boden die Größe der zu erwartenden Drücke abhängen. Den Steifenlagen in der Höhe der bestehenden Grundmauersohlen kommt sicher eine große Bedeutung zu, besonders dort, wo der Druck des Erdreichs eine untergeordnete Rolle spielt gegenüber jenem der Nutzlast. Bei den Versuchen von Müller-Breslau lag der Angriffspunkt des Erddruckes der Plattenlast bei 1 cm Wandabstand in 0,56 der Wandhöhe (von unten gerechnet). Aufwärts gerichtete Drucke auf die Bölzung (besonders in den oberen Teilen) sind möglich, weshalb diese mit den unteren zugfest zu verbinden sind.

In den Belastungsfällen Abb. 32 a bis c könnte man noch an eine Druckwirkung infolge Gleitflächenbildung glauben, im Falle 34 d versagt aber diese Anschauung vollkommen. Dieser Fall zeigt klar, daß die Druckwirkung auf eine Wand nicht an die Bildung einer Bruchfläche gebunden ist, sondern auch andere Ursachen haben kann. Das Aufbringen selbst der kleinsten Last verursacht die geschilderten Spannungszustände im Boden und damit (lange vor der Bildung einer Bruchfläche) Drücke auf eine Wand.

Bei den Versuchen von Müller-Breslau betrug die größte Plattenbelastung $27,2 : 105 = 0,26 \text{ kg/cm}^2 = 2,6 \text{ t/m}^2$. Nach der Zusammenstellung 6 wäre diese Belastung bei parabolischer Druckverteilung noch bei $\alpha_1 = 20^0$ möglich; denn hiefür ergibt sich für die 0,27 m breite Platte eine mittlere Belastung $p_m = 0,27 \times 1,6 \times 5,9 = 2,5 \text{ t/m}^2$. Ebenso ergeben sich für $\alpha_1 = 0, 10, 20, 30^0$ und parabolische Druckverteilung $p_m = 5,3, 3,6, 2,5, 1,8 \text{ t/m}^2$ und für Dreiecks-Druckverteilung $p_m = 8,0, 5,4, 3,7, 2,6 \text{ t/m}^2$.

29. Grenzlagen der Gleitlinien

Nach S. 6 wird ein schiefer Druck, der unter einem Winkel β gegen eine Wand wirkt, von dieser um einen Winkel δ zum Lot abgelenkt (Abb. 36), der gegeben ist durch die Gleichung 10

$$\operatorname{tg} \delta = \varepsilon \cot \beta.$$

Der Winkel $90 - (\beta + \delta)$, den der so abgelenkte Druck mit der Mauersenkrechten einschließt, muß der Bedingung genügen $90 - \beta - \delta \leq \varphi_1$; für die Grenzlage ist somit $\beta + \delta = 90 - \varphi_1$ und

$$\cot (\beta + \delta) = \operatorname{tg} \varphi_1 = f_1 = \frac{\cot \beta \cot \delta - 1}{\cot \beta + \cot \delta}.$$ Setzt man in diesen Wert Gleichung 10 ein, so erhält man $\varepsilon_1 - 1 = (\varepsilon_1 \operatorname{tg} \beta + \cot \beta) f_1$, ferner

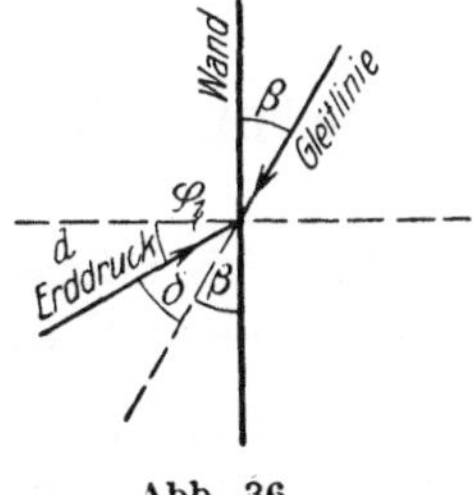

Abb. 36

$$\cot^2\beta - \frac{\varepsilon_1 - 1}{f_1}\cot\beta + \varepsilon_1 = 0 \quad \text{und} \quad \cot\beta = \frac{\varepsilon_1 - 1}{2f_1} - \sqrt{\left(\frac{\varepsilon_1 - 1}{2f_1}\right)^2 - \varepsilon_1}$$

$$(33) \qquad \text{oder} \quad \cot\beta = \frac{\varepsilon_1 - 1}{2f_1}\left[1 - \sqrt{1 - \left(\frac{2f_1}{\varepsilon_1 - 1}\right)^2 \varepsilon_1}\right]$$

Für $\varphi_1 = \varphi$, $f_1 = f$ wird $\cot\beta = \dfrac{\varepsilon_1 - 1}{2f}\left[1 - \sqrt{1 - \left(\dfrac{2f}{\varepsilon_1 - 1}\right)^2 \varepsilon_1}\right]$

Nun ist aber

$$f = \operatorname{tg}\varphi = \operatorname{tg}\left(45 + \frac{\varphi}{2} - 45 + \frac{\varphi}{2}\right) = \frac{\operatorname{tg}\left(45 + \dfrac{\varphi}{2}\right) - \operatorname{tg}\left(45 - \dfrac{\varphi}{2}\right)}{1 + \operatorname{tg}\left(45 + \dfrac{\varphi}{2}\right)\operatorname{tg}\left(45 - \dfrac{\varphi}{2}\right)} =$$

$$= \frac{\sqrt{\varepsilon_1} - \sqrt{\varepsilon}}{2} = \frac{\varepsilon_1 - 1}{2\sqrt{\varepsilon_1}} \quad \text{oder} \quad \frac{2f}{\varepsilon_1 - 1} = \sqrt{\varepsilon} \quad \text{und} \quad \left(\frac{2f}{\varepsilon_1 - 1}\right)^2 \varepsilon_1 = 1; \quad \text{es}$$

$$(33a) \quad \text{wird somit} \cot\beta = \frac{\varepsilon_1 - 1}{2f} = \sqrt{\varepsilon_1} = \operatorname{tg}\left(45 + \frac{\varphi}{2}\right) \text{ und } \beta = 45 - \frac{\varphi}{2}$$

Dieser Winkel entspricht einer Grenzlage der Gleitlinie und der größtmöglichen Erddruckneigung; denn nach vorstehendem ist

$$\operatorname{tg}(\beta + \delta) = \frac{\cot\beta + \cot\delta}{\cot\beta \cot\delta - 1} = \frac{\cot\beta + \varepsilon_1\operatorname{tg}\beta}{\varepsilon_1 - 1}, \quad \text{und das erreicht einen}$$

Kleinstwert, wenn $-\dfrac{1}{\sin^2\beta} + \dfrac{\varepsilon_1}{\cos^2\beta} = 0$, oder $\operatorname{tg}\beta = \sqrt{\varepsilon} = \operatorname{tg}\left(45 - \dfrac{\varphi}{2}\right)$

d. i. für $\beta = 45 - \dfrac{\varphi}{2}$; diesem Wert entspricht aber $90 - \beta - \delta = \varphi$.

Eine Wandreibung $\varphi_1 > \varphi$ kann daher nicht ausgenützt werden; der auf die Wand wirkende Druck schließt mit der Wandsenkrechten einen Winkel ein, der höchstens gleich werden kann dem Reibungswinkel φ. Einer geringeren Erddruckneigung wird eine geringere Neigung der Gleitlinie entsprechen; ein Druck senkrecht zur Wand wäre nur bei senkrechtem Anlauf der Drucklinien möglich.[1] Im allgemeinen kann man für gekrümmte Gleitflächen als Anlaufwinkel den Reibungswinkel φ annehmen, somit ist $\beta = 90 - \varphi$ und nach Gl. 10 $\operatorname{tg}\delta = \varepsilon f$ (Abb. 36a).

30. Die Gestalt der Gleitlinie, Richtung des Erddruckes, Höhe des Angriffspunktes

Hat sich infolge Nachgebens der Wand ein Bruchkeil ABD mit der Gleitlinie BD (Abb. 37) gebildet, so kann man sich den losgelösten

---

[1] oder bei lotr. Wand u. wagr. abgeglichenen, ruhendem Erdkörper-Drucke senkr. zur Wand u. Gleitlinien schließen sich i. allg. gegens. aus.

Erdkörper aus Dreieckselementen zusammengesetzt denken, die ihre Spitze in A und ihre Grundlinie in der Gleitlinie BD haben. AC sei ein solches Element, sein Scheitelwinkel bei A sei da, seine Schenkellänge $AC = r$. Sein Gewicht dG, das im Schwerpunkt S angreift, denken wir uns in die beiden Teilkräfte dW (in der Richtung AC) und dE parallel zur Grundlinie des Dreieckselementes (somit parallel zur Gleitlinientangente in C) zerlegt. Erstere Teilkraft dW denken wir uns in C angreifend und da zerlegt in eine, in die Gleitlinie fallende Teilkraft dW' und eine Teilkraft dW'', die mit der Senkrechten auf die Gleitlinie in C den Reibungswinkel φ einschließt. Die beiden parallelen, entgegen-

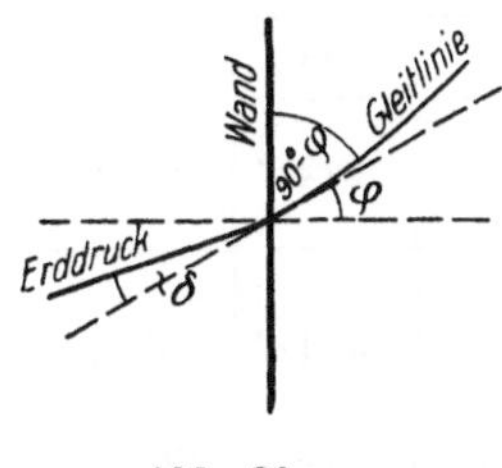

Abb. 36 a

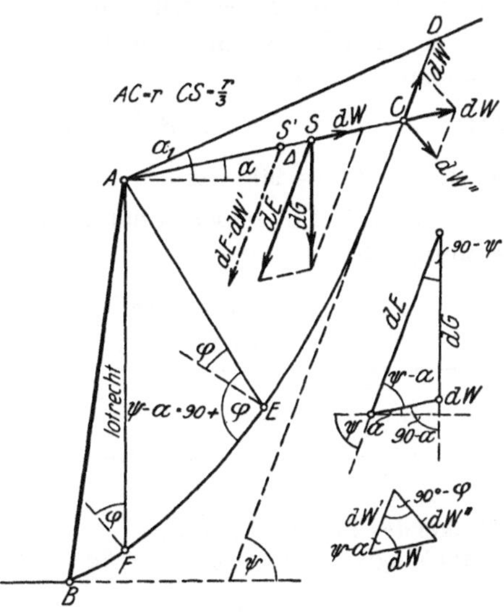

Abb. 37

gesetzt gerichteten Teilkräfte dE und dW' geben eine Mittelkraft $dE - dW'$, deren Angriffspunkt S' zwischen S und A in einer Entfernung $\varDelta$ von S liegt, und die das Abgleiten des Erdkörpers ABD bewirkt; die Reibungswiderstände werden durch dW'' überwunden.

Aus den Kräfteplänen zu Abb 35 ergibt sich

$$dW = dG \frac{\cos \psi}{\sin (\psi - \alpha)} \qquad dE = dG \frac{\cos \alpha}{\sin (\psi - a)},$$

ferner

$$dW' = dW \frac{\cos (\psi - \alpha - \varphi)}{\cos \varphi} = dG \frac{\cos \psi \cos (\psi - \alpha - \varphi)}{\sin (\psi - \alpha) \cos \varphi}$$

Solange $dW' = 0$, greift die abwärts treibende Kraft $dE - dW'$ im Schwerpunkt S an und bewirkt damit die von Coulomb vorausgesetzte Dreiecks-Druckverteilung Dies kann nach der Gleichung sein, wenn $\psi = 90^0$ oder $\psi - a - \varphi = 90^0$; ersterer Fall kommt nicht in Betracht Die andere Möglichkeit ergibt $\psi - a = 90 + \varphi$, d. i. eine logarithmische Spirale, nach der sich somit annähernd der untere Teil der Gleitlinie ausbilden wird.

In diesem Teile nimmt die abwärts treibende Teilkraft dE des

Gewichtes dG stetig ab, wird Null im lotrechten Schnitt AF (weil die Gleitlinie da unter dem Reibungswinkel φ gegen die Wagrechte geneigt ist) und würde (bei rückgeneigten Mauern) über AF hinaus gegen AB negativ, d. h. der Bewegung einen Widerstand entgegensetzen.

Nimmt man daher zunächst für lotrechte Wände als Gleitlinie eine solche Spirale an, so wird der dadurch bestimmte Druck als schiefer Druck nach Gl. 10 um einen Winkel δ von seiner Richtung abgelenkt, der gegeben ist durch

$$(34) \qquad \operatorname{tg} \delta = \varepsilon \cot \beta = \varepsilon \operatorname{tg} \varphi = \varepsilon f$$

denn es ist $\beta = 90 - \varphi$.

Das gibt für verschiedene Reibungswinkel die Werte der Zusammenstellung 13.

Zusammenstellung 13. Erddruckrichtung bei einem Gleitlinienanlauf unter dem Reibungswinkel

$\varphi =$	20	25	30	35	40	45°
$\delta =$	10° 6′	10° 30′	10° 52′	10° 45′	10° 19′	9° 45′
Winkel des Erddruckes m. der Wagrechten $\delta - \varphi =$	9° 54′	14° 30′	19° 8′	24° 15′	29° 41′	35° 15′

Für $\varphi = 32°$ der Versuche von Müller-Breslau ist $\varepsilon = 0307$, $f = 0625$, somit $\operatorname{tg} \delta = 0307 \times 0625 = 0192$ und $\delta = 10° 51'$. Die Neigung des Erddruckes gegen die Wagrechte ergibt sich daher mit $\varphi - \delta = 32° - 10° 51' = 21° 9'$. Gemessen hat Müller-Breslau bei seinen Versuchen mit trockenem Sand und glatter Wand (Spiegelglas) im Mittel $21°$ ($19°$ bis $22\frac{1}{2}°$). Es reicht somit selbst bei glatten Wänden die Wandreibung trockenen Sandes aus, um einen Drucklinienanlauf unter dem Reibungswinkel φ zu gewährleisten.

Die angenommene Einstellung der Drucklinien ist also möglich. Für sie sprechen auch die Versuche von Müller-Breslau zur Bestimmung des Gleitkörpers, der sich bei einer Drehung der Wand um ihren Fußpunkt bildet. Aus den betreffenden Abb. 100 und 101 geht deutlich der flache Anlauf der Drucklinien hervor, wenn sie sich auch nicht bis zum Wandfuß so ausgebildet haben.

Auch Müller-Breslau nahm für seine Näherungsberechnungen mit gekrümmten Gleitflächen an, daß letztere unter dem Reibungswinkel an der lotrechten Wand anlaufen, allerdings aus einem anderen Grunde, wie aus seinen Berechnungen hervorgeht. Er verlangt, daß die Gleitlinie parallel zur Erddruckrichtung anläuft und nimmt beide unter dem Reibungswinkel φ gegen die Wagrechte geneigt an. Seine letzte Näherungsberechnung (zu Abb. 91) fußt auf einer Gleitlinie, die aus zwei durch einen Kreisbogen verbundenen Geraden besteht. Bei Besprechung der Rechnungsergebnisse sagt er dann (S. 121): „.... wenn ein möglichst großer Wert E (Erddruck) erreicht werden soll, so muß der untere Teil der Gleitfläche so kurz wie möglich angenommen werden, gerade so groß, als erforderlich ist, um die vorgeschriebene Neigung des Erddruckes gegen die Wandnormale hervorzubringen.“

Diese parallele Lage der Erddruckrichtung zur Gleitlinie ist aber nach den früheren Ausführungen nicht zu erreichen; denn auch der Bruchkeil ist aus Druckstreifen zusammengesetzt zu denken, die Seitendrucke ausüben und dadurch die Drücke der Drucklinien von ihrer Richtung ablenken. Der Erddruck muß somit weniger gegen die Wagrechte geneigt sein als die Gleitlinie.

Kann sich der Erddruck wegen der Rauhigkeit der Wand steiler (unter einem Winkel φ_1) einstellen, so bedingt dies auch ein steileres Anlaufen der Drucklinien. Die Größe ihres Anlaufwinkels gibt Gl. 33.

Bei den Versuchen von Müller - Breslau wurde die Wandreibung (für Schmirgelleinwand Nr. 4) mit $31^0\,8'$ im Mittel festgestellt, die Neigung des Erddruckes aber nur mit 27^0. Führt man letzteren Wert als φ_1 ein, so ist $f_1 = 0{,}5095$, ferner ist für $\varphi = 32^0$, $\varepsilon_1 = 3{,}25$, daher $\dfrac{2\,f_1}{\varepsilon_1 - 1} =$

$\dfrac{1{,}019}{2{,}25} = 0{,}453$ und $\cot\beta = 0{,}933$, $\beta = 47^0$, $90 - \beta = 43^0$ gegenüber

$90 - \beta = 32^0$ für $\varphi_1 = 21^0$ und $90 - \beta = 45 + \dfrac{\varphi}{2} = 61^0$ für $\varphi_1 = \varphi$.

Es entspricht somit jeder Erddruckrichtung eine besondere Gleitlinie, und zwar eine um so steilere, je größer die Erddruckneigung ist. Die Erddruckneigung ist aber unabhängig von der Geländegestaltung; das stimmt mit den Versuchsergebnissen von Müller - Breslau überein (s. Zusammenstellung 14). Rechnet man im Einklang mit seinen Ergebnissen nur mit einem Teile der Wandreibung, so kann man — wenn man letztere nach Zusammenstellung 13 annimmt — allgemein mit einem Drucklinienanlauf unter dem Winkel φ rechnen.

Für eine rückgeneigte Wand $A\,B$ (Abb. 38c) wird die Gleitlinie im Fußpunkt F der Lotrechten unter dem Reibungswinkel φ gegen die Wagrechte geneigt sein, im Fußpunkt der Wand dagegen flacher. Man kann aber — da es sich um geringe Neigungen handelt — annähernd die verlängerte Tangente in F als Auslauf BF der Gleitlinie ansehen. Man rechnet so etwas ungünstiger. Die Neigung des Erddruckes gegen die Wagrechte ist bei überhängenden Wänden (Abb. 38b) um die Wandneigung ω größer, bei rückgeneigten Wänden kleiner als bei lotrechten.

Daß sich die Spiralen im allgemeinen (wenn das Gelände nicht stark von der Wand abfällt) nicht bis zur Geländeoberfläche ausbilden werden,

Zusammenstellung 14. Versuchsergebnisse von Müller-Breslau mit Sand $\varphi = 32^0$-Erddruck auf lotrechte Wände bei verschiedener Geländeneigung

	Versuche mit rauher Wand[1]			Versuche mit glatter Wand		
	Erddruck	Neigung	Angriffs-punkt	Erddruck	Neigung	Angriffs-punkt
$\alpha_1 = -\varphi$	91 kg		0,31	90 kg		0,31
$\alpha_1 = -\frac{1}{2}\varphi$	113 „	27^0	0,33	120 „	21^0	0,33
$\alpha_1 = 0$	134 „		0,36	140 „		0,38
$\alpha_1 = \frac{1}{2}\varphi$	195 „		0,375 der Wandhöhe	200 „		0,40 der Wandhöhe

bedarf nach Abb. 38a wohl keines besonderen Beweises. In diesem oberen Teile der Gleitlinie, die wir nach Abb. 38a als Gerade annehmen wollen, ist eine Dreiecks-Druckverteilung nicht mehr möglich; denn es ist

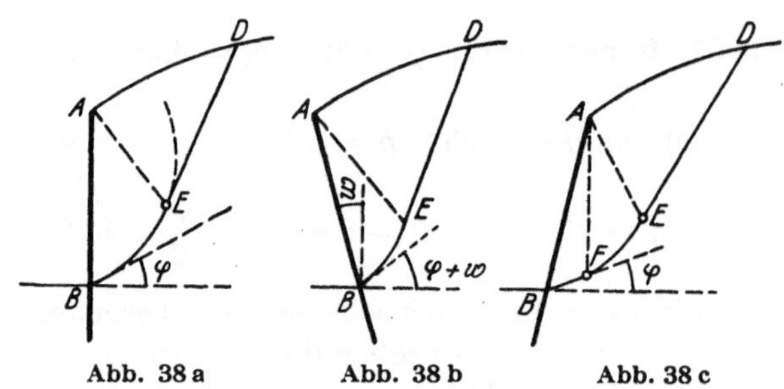

Abb. 38 a   Abb. 38 b   Abb. 38 c

$\beta - \alpha < 90 + \varphi$ und damit tritt eine Teilkraft dW' auf, deren Mittelkraft mit dE zwischen S und A in S' angreift (Abb. 37). Die Verschiebung des Druckmittelpunktes $SS' = \varDelta$ ergibt sich aus

$$\varDelta \cdot (dE - dW') = dW' \frac{r}{3};$$

$$\varDelta = \frac{dW'}{dE - dW'} \cdot \frac{r}{3} = \frac{1}{\dfrac{dE}{dW'} - 1} \frac{r}{3} = \frac{1}{\dfrac{\cos\alpha \cos\varphi}{\cos\beta \cos(\beta - \alpha - \varphi)} - 1} \frac{r}{3}$$

Je größer somit α, desto größer $\varDelta$, desto mehr weicht die Druckverteilung in dem betreffenden Querschnitt AC (Abb. 37) von der Dreiecks-Druckverteilung ab. Zu der Hebung des Angriffspunktes des

---

[1] Über Reibungsversuche (Sandstein und Kies) siehe Engels, „Untersuchungen über den Seitendruck der Erde auf Fundamentkörper", Zeitschr. f. Bauwesen 1896.

Erddruckes tragen alle Querschnitte oberhalb AE (Abb. 38) bei, und zwar um so mehr, je näher sie der Geländeoberfläche liegen; es muß daher der Angriffspunkt um so höher liegen, je größer die Geländeneigung ist.[1] Das stimmt mit den Versuchsergebnissen von Müller-Breslau überein. Dann muß der Angriffspunkt um so höher liegen, je größer ADE (Abb. 38) gegenüber ABE ist, oder je kürzer unter sonst gleichen Verhältnissen die Spirale ist. Deshalb muß bei vorgeneigter Wand AB der Erddruck höher angreifen, er wird überdies da auch steiler einfallen.

Einem Gelände nach Abb. 39 muß eine höhere Lage des Angriffspunktes entsprechen, weil der Erdkörper ACD eine mehr gleichmäßige Druckverteilung in AD bewirkt. Um wie viel der Angriffspunkt dadurch höher rückt, hängt von dem Größenverhältnis ACD zu $ACBD$ ab;

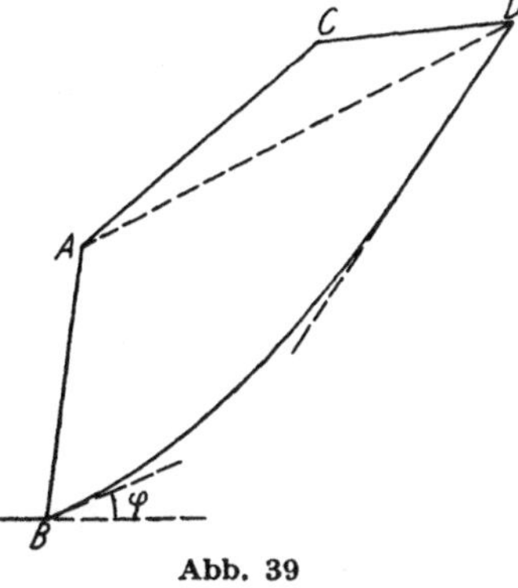

Abb. 39

je größer unter sonst gleichen Verhältnissen ACD, desto höher der Angriffspunkt. Ähnlich wirkt eine Nutzlast, die bis an die Mauerkrone A reicht (bei wagrechtem Gelände).

31. Größe des Erdruckes

Die Größe des Erddruckes ergibt sich — der Gleitflächenform entsprechend — aus zwei Teilen. Im unteren spiralförmigen Teil der Gleitfläche verursacht ein keilförmiges Element AE des Bruchprismas (Abb. 40) vom Gewichte $dG_1 = \frac{1}{2}r^2\gamma\,da$ eine Teilkraft parallel zur Gleitfläche $dE_1'' = dG_1\dfrac{\sin\alpha}{\cos\varphi}$. Diese kommt aber infolge der Ablenkung der Kraftrichtung um den Winkel α nicht voll auf die Wand zur Geltung, sondern nur mit

$$dE_1' = dE_1'' e^{-fa} = \frac{1}{2}r^2\gamma\,da \cdot \frac{\sin\alpha}{\cos\varphi}\,e^{-fa} = \frac{1}{2}r_0^2\gamma\,\frac{\sin\alpha}{\cos\varphi}\cdot e^{-3fa}\,da.$$

Es bewirkt somit der ganze, von der Spirale umschlossene Erdkörper einen Druck in der Richtung der Gleitfläche (Hauptdruck) von

$$E_1' = \int_0^{a_1} dE_1'' \cdot e^{-fa} = \frac{1}{2}r_0^2\gamma\,\sec\varphi \int_0^{a_1} \sin\alpha \cdot e^{-3fa}\,da =$$

---

[1] Petersen „Erddruck auf Stützmauern" S. 61 und „Grenzzustände des Erddruckes auf Stützmauern" S. 14.

$$= E_1' = \frac{1}{2} r_0{}^2 \gamma \sec \varphi \left[\frac{-3f \sin \alpha - \cos \alpha}{9f^2 + 1} e^{-3fa} \right]_0^{a_1} =$$

$$= \frac{1}{2} r_0{}^2 \gamma \sec \varphi \, \frac{1 - (3f \sin \alpha_1 + \cos \alpha_1) \, e^{-3fa_1}}{9f^2 + 1} =$$

$$(35) \qquad = \frac{1}{2} r_0{}^2 \gamma \sec \varphi \, \frac{\cos \psi - e^{-3fa_1} \cos (\psi - \alpha_1)}{\sec \psi}$$

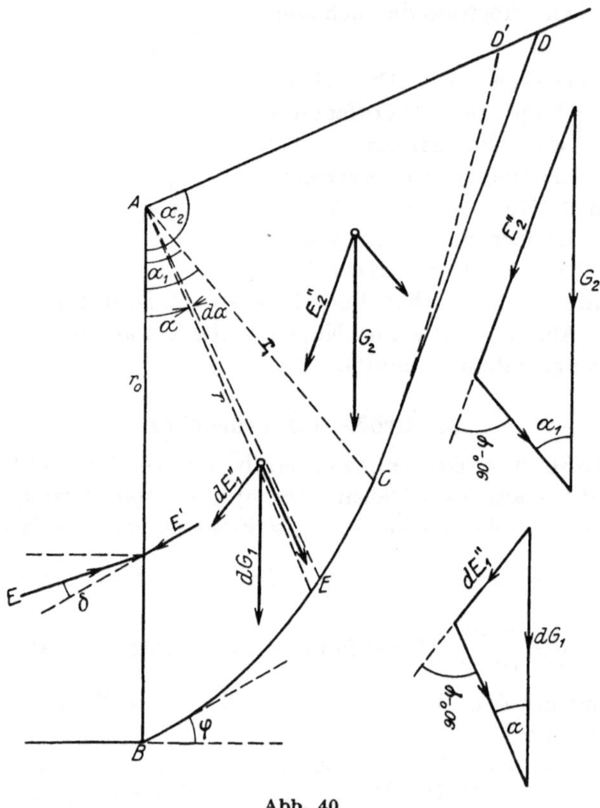

Abb. 40

wenn man $3f = \operatorname{tg} \psi$ setzt. Dieser Druck wird nach Gleichung 10 durch die von ihm hervorgerufenen Seitenpressungen um den Winkel δ von seiner Richtung abgelenkt und nach Gleichung 11 auf $E_1 = E_1' \sec \delta$ verstärkt; seine wagrechte Teilkraft ist $E_{1w} = E_1 \cos (\varphi - \delta)$.

Der obere Teil ACD des Bruchprismas vom Gewichte

$$G_2 = \frac{1}{2} \overline{CD} \cdot \overline{AC} \cos \varphi \quad \text{(Abb. 40) verursacht parallel zu seiner Gleitfläche}$$

einen Druck $E_2'' = G_2 \dfrac{\sin \alpha_1}{\cos \varphi}$. Nun ist

$$\overline{AC} = r_1 = r_0 e^{-f\alpha_1}, \quad \overline{CD} = r_1 \frac{\sin(\alpha_2 - \alpha_1)}{\cos(\alpha_2 - \alpha_1 - \varphi)} = r_0 e^{-fa} \frac{\sin(\alpha_2 - \alpha_1)}{\cos(\alpha_2 - \alpha_1 - \varphi)}$$

somit ist $G_2 = r_0 e^{-f\alpha_1} \dfrac{\sin(\alpha_2 - \alpha_1)}{\cos(\alpha_2 - \alpha_1 - \varphi)} \cdot \dfrac{1}{2} r_0 e^{-f\alpha_1} \cos \varphi \cdot \gamma =$

$$= \frac{1}{2} r_0^2 \gamma e^{-2f\alpha_1} \frac{\sin(\alpha_2 - \alpha_1)}{\cos(\alpha_2 - \alpha_1 - \varphi)} \cos \varphi$$

und $E_2'' = \dfrac{1}{2} r_0^2 \gamma \cdot e^{-2f\alpha_1} \dfrac{\sin(\alpha_2 - \alpha_1)}{\cos(\alpha_2 - \alpha_1 - \varphi)} \sin \alpha_1$. Infolge der allmählichen Ablenkung der Druckrichtung um den Winkel α_1 wirkt E_2'' auf die Wand nur mit

$$E_2' = E_2'' e^{-f\alpha_1} = \frac{1}{2} r_0^2 \gamma \, e^{-3f\alpha_1} \frac{\sin(\alpha_2 - \alpha_1)}{\cos(\alpha_2 - \alpha_1 - \varphi)} \sin \alpha_1 \qquad (36)$$

An der Wand wird dieser Druck durch die Seitenpressungen um den Winkel δ von seiner Richtung abgelenkt und auf $E_2 = E_2' \sec \delta$ verstärkt; seine wagrechte Teilkraft ist $E_{2\,w} = E_2 \cos(\varphi - \delta)$.

Zuammenstellung 15. Wagrechte Teilkräfte $E \cos(\varphi - \delta) : r_0^2 \gamma$ des Erddruckes auf eine lotrechte Wand für verschiedene Geländeneigungen (zu Abb. 40)

φ	δ	$\varphi - \delta$	Geländeneigung $\omega = a_2 - 90$							
			0^0	10^0	20^0	25^0	30^0	35^0	40^0	45^0
30^0	$10^0 54'$	$19^0 6'$	0,139[1] (0,167)	0,162 (0,174)	0,202 (0,200)	0,240 (0,233)	0,417 (0,417)			
35^0	$10^0 45'$	$24^0 15'$	0,114 (0,135)	0,130 (0,138)	0,156 (0,154)	0,175 (0,170)	0,212 (0,206)	0,380 (0,380)		
40^0	$10^0 20'$	$29^0 40'$	0,088 (0,108)	0,102 (0,109)	0,118 (0,119)		0,147 (0,146)	0.180 (0,177)	0,338 (0,338)	
45^0	$9^0 44'$	$35^0 16'$	0,069 (0,086)	0,078 (0,087)	0,089 (0,092)		0,106 (0,110)	0,121 (0,122)	0,149 (0,148)	0,293 (0,293)

Der gesamte schiefe Erddruck ergibt sich als Summe $E = E_1 + E_2$ aus den Werten E_1' und E_2' nach den Gleichungen 35 und 36. In letzteren ist α_1 so zu wählen, daß sich für die Summe (den Erddruck) ein Größtwert

---

[1] Müller-Breslau „Erddruck auf Stützmauern" ermittelt auf S. 99 0,135, auf S. 103 0 140 und auf S. 118 0 137. Auf andere Verhältnisse hat er seine Untersuchung nicht ausgedehnt.

ergibt. Für $a_2 = 90 + \varphi$ und eine unendlich hohe Böschung tritt dies ein, wenn $a_1 = 0$; denn es ist $a_2 - a_1 = 90 + \varphi - a_1$, ferner $a_2 - a_1 - \varphi =$ $= 90 - a_1$, somit $E_1 = \dfrac{1}{2} r_0{}^2 \gamma\, e^{-3f a_1} \cos(a_1 - \varphi)$ und das erreicht für $a_1 = 0$ den bekannten Größtwert $E_1 = \dfrac{1}{2} r_0{}^2 \gamma \cos \varphi$. Für a_1 ergibt sich ein um so größerer Wert, je kleiner die Geländeneigung ist.

Nach den Gleichungen 35 und 36 wurde der Erddruck für verschiedene Geländeneigungen ermittelt, die Rechnungsergebnisse sind in Zusammenstellung 15 ausgewiesen.

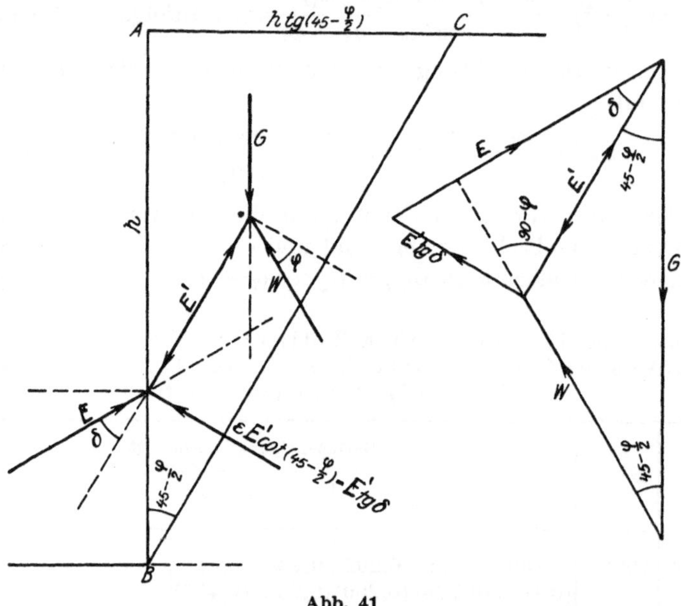

Abb. 41

Die Erddruckneigung wurde hierbei mit $\varphi - \delta$ angenommen, die Böschung unendlich hoch. Die in ( ) beigefügten Werte gelten für ebene Gleitflächen für den Fall, daß der Druck im Erdkörper parallel zur Geländeoberfläche gerichtet ist.[1] Der Druck auf die Wand ist dann unter $\omega - \delta$ geneigt und gleich dem $\sec \delta \cos(\omega - \delta)$-fachen Druck im Erdkörper, wobei δ dem Winkel ω nach Gleichung 10 entspricht. Die ( ) Werte geben den Druck auf die Wand.

Bestimmt man nach den Gleichungen 35 und 36 a_1 derart, daß der Erddruck einen Größtwert erreicht, so bestimmt das nur die Länge BC (Abb. 40) der Spirale. Der gerade angenommene obere Teil CD der Gleit-

---

[1] Petersen R. Erddruck auf Stützmauern Berlin: Julius Springer 1924.

linie wird aber in Wirklichkeit auch nicht gerade, sondern leicht gekrümmt sein (und zwar im selben Sinne wie die Spirale, aber wesentlich schwächer), weil dadurch der Druck auf die Gleitfläche und damit auch die Reibungsarbeit verringert wird. Die wahrscheinlichste Lage CD' (Abb. 40) wird jene sein, welcher bei kleinster Fläche ACD' derselbe Erddruck entspricht wie ACD. Eine solche Lage ist wegen der erzielbaren größeren Neigung der Gleitlinie möglich.

Anknüpfend an die eben vorgebrachte Berechnung des Wanddruckes gekrümmter Gleitflächen muß noch die übliche Berechnungsweise des Erddruckes auf Grund ebener Gleitflächen mit Berücksichtigung der Wandreibung besprochen werden. Ob man mit gekrümmten oder ebenen Gleitflächen rechnet, man muß unbedingt die Ablenkung des Druckes an der Wand berücksichtigen, sobald er schief gegen die Wand anlauft. Zerlegt man nach Abb. 41 das Gewicht G des Bruchprismas in zwei Teilkräfte (E' parallel zur Gleitfläche und W unter $90 - \varphi$ gegen letztere geneigt), so treten zu ersterer unmittelbar an der Wand die von ihr hervorgerufenen Seitenpressungen und lenken den Druck um einen Winkel δ ab. Es handelt sich also im Wesen um vier Kräfte und der Wanddruck[1], das Gewicht des Bruchprismas und der Widerstand W schneiden sich nicht in einem Punkte. Als weitere Folge ergibt sich, daß auch bei größtmöglicher Wandreibung $\varphi_1 = \varphi$ die wagrechte Teilkraft des Wanddruckes gleich ist $\frac{1}{2}\varepsilon\gamma h^2$ (s. P. 5 der nachfolgend zu besprechenden neueren Erddruckversuche von Feld). Nach Abb. 41 ist das Gewicht des Prismas $G = \frac{1}{2}h^2\gamma\,\mathrm{tg}\left((45 - \frac{\varphi}{2}\right)$, seine Teilkraft parallel zur Bruch-

ebene $E' = G\,\dfrac{\sin\left(45 - \dfrac{\varphi}{2}\right)}{\cos\varphi} = \dfrac{1}{2}h^2\gamma\,\mathrm{tg}\left(45 - \dfrac{\varphi}{2}\right)\dfrac{\sin\left(45 - \dfrac{\varphi}{2}\right)}{\cos\varphi}$. An der

Wand wird diese Teilkraft um $\delta = 45 - \dfrac{\varphi}{2}$ abgelenkt;[2] es ist demnach

$$E = E'\sec\delta = E'\sec\left(45 - \frac{\varphi}{2}\right) = \frac{1}{2}h^2\gamma\,\mathrm{tg}^2\left(45 - \frac{\varphi}{2}\right)\sec\varphi = \frac{1}{2}\varepsilon h^2\gamma\sec\varphi$$

und die wagrechte Teilkraft $\dfrac{1}{2}\varepsilon h^2\gamma$. Die in der Einleitung auf S. 4 wiedergegebene, bisher allgemein übliche Anschauung ist daher nicht richtig.

---

[1] E würde man — zur Vermeidung von Mißverständnissen — besser als Wanddruck bezeichnen E' als Erddruck.

[2] $\mathrm{tg}\,\delta = \varepsilon\cot\left(45 - \dfrac{\varphi}{2}\right) = \mathrm{tg}^2\left(45 - \dfrac{\varphi}{2}\right)\cot\left(45 - \dfrac{\varphi}{2}\right) = \mathrm{tg}\left(45 - \dfrac{\varphi}{2}\right)$;

$\delta = 45 - \dfrac{\varphi}{2}$

Reicht die Wandreibung nicht aus, ist somit $\varphi_1 < \varphi$, so wird sich eine kurze Spirale mit dem Zentriwinkel $\varDelta = 45 + \dfrac{\varphi}{2} - (\varphi_1 + \delta)$ einschalten, deren Anlaufwinkel gegen die Wand $90 - \delta - \varphi_1$ gegeben ist durch $\operatorname{tg} \delta = \varepsilon \operatorname{tg}(\varphi_1 + \delta)$, oder

$$\operatorname{tg}(\varphi_1 + \delta) = \frac{\varepsilon_1 - 1}{2 f_1} - \sqrt{\left(\frac{\varepsilon_1 - 1}{2 f_1}\right)^2 - \varepsilon_1} \qquad \text{(s. Gl. 33)}$$

Diese Umlenkung des Druckes verursacht Reibungsverluste und damit eine Verringerung des Wanddruckes auf das $e^{-f\varDelta}$-fache. Letzteren Wert kann man der Zusammenstellung 16 entnehmen. Es ist aber auch

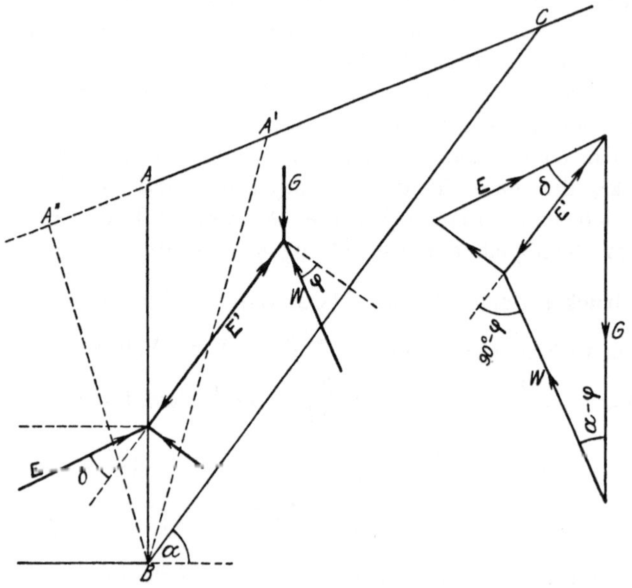

Abb. 42

möglich, daß einer weniger geneigten Gleitlinie mit kürzerem Spiralauslauf ein größerer Druck entspricht; man rechnet deshalb einfacher mit einer von der Wandreibung unabhängigen wagrechten Teilkraft des Erddruckes.

Den Druck eines beliebig gestalteten Geländes auf eine Wand bestimmt man am raschesten versuchsweise unter Benützung der Werte der Zusammenstellung 16. Stellt in Abb. 42 AC eine angenommene Gleitlinie dar, so ist die Teilkraft des Gewichtes des Bruchprismas parallel zur Gleitlinie $E' = G \dfrac{\sin(\alpha - \varphi)}{\cos \varphi}$, der von ihr verursachte Wanddruck

$$E = G \frac{\sin(\alpha - \varphi)}{\cos \varphi} \sec \delta \quad \text{und seine wagrechte Teilkraft } E \cos(\alpha - \delta).$$

Die Werte $\dfrac{E}{G} = \dfrac{\sin(\alpha - \varphi)}{\cos \varphi} \sec \delta$ und $\dfrac{E_\omega}{G} = \dfrac{E}{G} \cos(\alpha - \delta)$ sind in der Zusammenstellung 16 für einige Winkel ausgewiesen, so daß man für jedes angenommene α nach Ermittlung des letzterem entsprechenden G sofort den Wanddruck erhält.

Beispielsweise erhält man für die lotrechte Wand in Abb. 43 und $\varphi = 35^0$, wenn man zunächst $\alpha = 55^0$ annimmt

$$G = \frac{1}{2}(7{,}1 \times 1{,}72 - 0{,}42 \times 0{,}22) =$$
$$= 6{,}05\,\gamma,\ E = 0{,}448 \times 6{,}05 = 2{,}71\,\gamma,$$

für $\alpha = 52^0\,30'$ ergibt sich

$$G = \frac{1}{2}(8{,}1 \times 1{,}81 - 1{,}2 \times 0{,}5) =$$
$$= 7{,}05\,\gamma, \quad E = 0{,}390 \times 7{,}05 =$$
$2{,}75\,\gamma$ und für $\alpha = 50^0$,

$$G = \frac{1}{2}(9{,}4 \times 1{,}93 - 2{,}25 \times 0{,}80) =$$
$$= 8{,}2\,\gamma, \quad E = 0{,}333 \times 8{,}2 = 2{,}73\,\gamma.$$

Der größte Druck ist somit $E = 2{,}75\,\gamma$; ihm entspricht eine wagrechte Teilkraft $E_\omega = 0{,}327 \times 7{,}05\,\gamma = 2{,}31\,\gamma = \dfrac{2{,}31}{3{,}0^2}\,\gamma\,h^2 = 0{,}257\,\gamma\,h^2,$

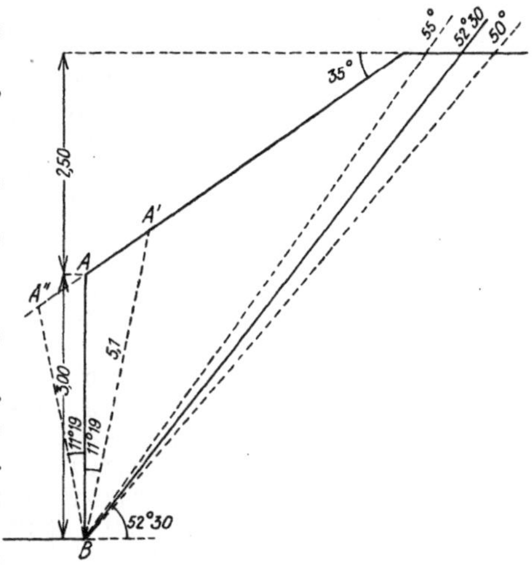

Abb. 43

während einer unendlich hohen Böschung nach Zusammenstellung 15 $E_\omega = 0{,}380\,\gamma\,h^2$ entspricht.

Die ermittelte Lage der Bruchebene gilt für jede andere Wand, die mit der lotrechten den Fußpunkt gemeinsam hat und deren Krone in der gegebenen Böschung liegt; das geht aus Abb. 43 ohne weiteres hervor. Es ändert sich aber das Gewicht des Bruchprismas und damit der Druck auf die Wand, sowie annähernd im selben Maße auch seine zur Wand senkrechte Teilkraft.

Für die rückgeneigte Wand $A'B$ (Abb. 43) verringert sich das Gewicht des Bruchprismas um $\dfrac{1}{2}\,3{,}0 \times 0{,}7\,\gamma = 1{,}05\,\gamma$ auf $7{,}05\,\gamma - 1{,}05\,\gamma = 6{,}00\,\gamma$. Der Winkel der Bruchebene mit der Wandsenkrechten wird um die Mauerneigung $11^0\,19'$ größer, beträgt somit $52^0\,30' + 11^0\,19' = 63^0\,50'$; dem entspricht ein Ablenkungswinkel $\operatorname{tg}\delta = \varepsilon \operatorname{tg} 63^0\,50' = 0{,}5515$, $\delta = 28^0\,52'$. Der Winkel des abgelenkten Druckes mit der Mauersenkrechten ist somit $63^0\,50' - 28^0\,52' = 35^0\,00'$. Der Wanddruck

Zusammenstellung 16. Erddruckberechnung bei beliebig gestaltetem Gelände

	α	$\cot\alpha$	δ	$\alpha-\delta$	$\mathrm{tg}\,(\alpha-\delta)$	$\dfrac{E}{G}=\dfrac{\sin(\alpha-\varphi)}{\cos\varphi}\sec\delta$	$\dfrac{E\omega}{G}=\dfrac{E}{G}\cos(\alpha-\delta)$	$\alpha-\delta-\psi_1$	$e^{-f(\alpha-\delta-\varphi_1)}$
$\varphi=30^0$ $\varepsilon=0{,}333$ $f=0{,}577$	40^0	1,192	$15^0\,38'$	$24^0\,22'$	0,453	0,208	0,189		
	$42^0\,30'$	1,091	$16^0\,59'$	$25^0\,31'$	0,477	0,261	0,235	0^0	1,000
	45^0	1,000	$18^0\,26'$	$26^0\,34'$	0,500	0,315	0,282	$3^0\,20'=200'$	0,967
	$4\ ^0\,30'$	0,916	$19^0\,59'$	$27^0\,31'$	0,521	0,370	0,328	$6^0\,40'$	0,935
	50^0	0,839	$21^0\,40'$	$28^0\,20'$	0,532	0,425	0,374	10^0	0,904
	$52^0\,30'$	0,767	$23^0\,29'$	$29^0\,1'$	0,555	0,482	0,422	$13^0\,20'$	0,874
	55^0	0,700	$25^0\,27'$	$29^0\,33'$	0,567	0,540	0,470	$16^0\,40'$	0,845
	$57^0\,30'$	0,637	$27^0\,37'$	$29^0\,53'$	0,575	0,602	0,522	20^0	0,817
	60^0	0,577	$30^0\,0'$	$30^0\,0'$	0,577	0,667	0,577		
$\varphi=35^0$ $\varepsilon=0{,}271$ $f=0{,}700$	$42^0\,30'$	1,091	$13^0\,57'$	$28^0\,33'$	0,544	0,164	0,144		
	45^0	1,000	$15^0\,10'$	$29^0\,50'$	0,573	0,219	0,190	0^0	1,000
	$47^0\,30'$	0,916	$16^0\,29'$	$31^0\,1'$	0,601	0,276	0,237	$3^0\,20'=200'$	0,960
	50^0	0,839	$17^0\,54'$	$32^0\,6'$	0,627	0,333	0,282	$6^0\,40'$	0,922
	$52^0\,30'$	0,767	$19^0\,27'$	$33^0\,3'$	0,651	0,390	0,327	10^0	0,885
	55^0	0,700	$21^0\,10'$	$33^0\,50'$	0,670	0,448	0,372	$13^0\,20'$	0,850
	$57^0\,30'$	0,637	$23^0\,3'$	$34^0\,27'$	0,686	0,508	0,419	$16^0\,40'$	0,816
	60^0	0,577	$25^0\,9'$	$34^0\,51'$	0,696	0,569	0,467	20^0	0,783
	$62^0\,30'$	0,521	$27^0\,30'$	35^0	0,713	0,637	0,521		
$\varphi=40^0$ $\varepsilon=0{,}217$ $f=0{,}839$	45^0	1,000	$12^0\,15'$	$32^0\,45'$	0,643	0,117	0,098		
	$47^0\,30'$	0,916	$13^0\,19'$	$34^0\,11'$	0,679	0,175	0,144	0^0	1,000
	50^0	0,839	$14^0\,30'$	$35^0\,30'$	0,713	0,233	0,190	$3^0\,20'=200'$	0,952
	$52^0\,30'$	0,767	$15^0\,47'$	$36^0\,43'$	0,746	0,294	0,235	$6^0\,40'$	0,906
	55^0	0,700	$17^0\,13'$	$37^0\,47'$	0,775	0,354	0,279	10^0	0,864
	$57^0\,30'$	0,637	$18^0\,49'$	$38^0\,41'$	0,801	0,416	0,324	$13^0\,20'$	0,823
	60^0	0,577	$20^0\,36'$	$39^0\,24'$	0,821	0,477	0,369	$16^0\,40^0$	0,783
	$62^0\,30'$	0,521	$22^0\,38'$	$39^0\,52'$	0,835	0,542	0,416	20^0	0,746
	65^0	0,466	25^0	40^0	0,839	0,610	0,467		
$\varphi=45^0$ $\varepsilon=0{,}172$ $f=1{,}000$	$47^0\,30'$	0,916	$10^0\,38'$	$36^0\,52'$	0,750	0,063	0,050		
	50^0	0,839	$11^0\,35'$	$38^0\,25'$	0,793	0,126	0,099	0^0	1,000
	$52^0\,30'$	0,767	$12^0\,39'$	$39^0\,51'$	0,835	0,189	0,145	$3^0\,20'=200'$	0,943
	55^0	0,700	$13^0\,48'$	$41^0\,12'$	0,875	0,253	0,190	$6^0\,40^0$	0,890
	$57^0\,30'$	0,637	$15^0\,2'$	$42^0\,28'$	0,915	0,317	0,234	10^0	0,840
	60^0	0,577	$16^0\,35'$	$43^0\,25'$	0,946	0,383	0,278	$13^0\,20'$	0,792
	$62^0\,30'$	0,521	$18^0\,17'$	$44^0\,13'$	0,973	0,448	0,321	$16^0\,40'$	0,748
	65^0	0,466	$20^0\,15'$	$44^0\,45'$	0,991	0,516	0,366	20^0	0,705
	$67^0\,30'$	0,414	$22^0\,30'$	45^0	1,000	0,585	0,413		

Anmerkung: Für zwischenliegende Werte φ, α und $\alpha-\delta-\varphi_1$ kann man geradlinig zwischenschalten.

ist $E = 0{,}390 \times 6{,}00 \times \dfrac{\sec 28^0\,52'}{\sec 19^0\,27'} = 2{,}34 \times \dfrac{0{,}943}{0{,}876} = 2{,}52\,\gamma$ (denn der Wert 0,390 der Zusammenstellung 16 ist berechnet für $\delta = 19^0\,27'$ der lotrechten Wand, für die rückgeneigte Wand ist aber $\delta = 28^0\,52'$), seine zur Wand senkrechte Teilkraft $E_\omega = 2{,}52\,\gamma \cos 35^0 = 2{,}06\,\gamma$.

Für die überhängende Wand $A''B$ (Abb. 43) vergrößert sich das Gewicht des Bruchprismas um $\dfrac{1}{2}\,3{,}0 \times 0{,}53\,\gamma = 0{,}80\,\gamma$ auf $7{,}05\,\gamma + 0{,}80\,\gamma = 7{,}85\,\gamma$. Der Winkel der Bruchebene mit der Wandsenkrechten verringert sich auf $52^0\,30' - 11^0\,19' = 41^0\,10'$; es ist daher tg $\delta = \varepsilon$ tg $41^0\,10' = 0{,}271 \times 0{,}8744 = 0{,}23696$, $\delta = 13^0\,20'$ und der Winkel des Wanddruckes mit der Wandsenkrechten $41^0\,10' - 13^0\,20' = 27^0\,50'$.

Der Wanddruck ist

$$E = 0{,}390 \times 7{,}85 \times \frac{\sec 13^0\,20'}{\sec 19^0\,27'}\,\gamma = 3{,}06 \times \frac{0{,}943}{0{,}973}\,\gamma = 2{,}96\,\gamma,$$

seine zur Wand senkrechte Teilkraft $E_\omega = 2{,}96\,\gamma \cos 27^0\,50' = 2{,}62\,\gamma$.

Die Gewichte der Bruchprismen der Wände $A''B$, AB, $A'B$ verhalten sich wie $7{,}85 : 7{,}05 : 6{,}00 \doteq 1{,}11 : 1{,}00 : 0{,}85$, die zur Wand senkrechten Drücke wie $2{,}62 : 2{,}31 : 2{,}0 \doteq 6$ $1{,}13 : 1{,}00 : 0{,}89$.

32. Neuere Versuchsergebnisse

In neuerer Zeit hat J. Feld[1] Erddruckversuche mit Flußsand (mit geringem Lehmgehalt) an der Universität in Cincinnati angestellt und kommt zu folgenden Ergebnissen: 1. Der Sand verhält sich nicht wie eine Flüssigkeit (s. Petersen, „Erddruck auf Stützmauern", S. 50). 2. Er verhält sich nicht wie ein elastischer Körper. Lasten verursachen eine Änderung der physikalischen Eigenschaften und eine Formänderung; letztere verschwindet allmählich wieder. (Daß die Rückbildung Zeit braucht, und die Formänderungen auch abhängen von der Dauer, Aufeinanderfolge und Größe der Belastungen, beobachtete auch Bastian. Müller-Breslau, fand, daß nach einer Überlastung der Hinterfüllung [Sand] der Erddruck nur wenig abnahm, wenn die Last entfernt wurde. Von 240 kg auf 200 gegen 127 kg vor dem Aufbringen der Last. Er führt dies darauf zurück, daß die Formänderungen der Wand unter dem Einfluß der Last nach deren Entfernung einen Erdwiderstand wachrufen.) 3. Es entsteht kein genau bestimmter Bruchkeil (Gleitfläche), eine Bruchlinie ist an der Oberfläche nicht feststellbar. Lasten außerhalb des theoretischen Bruchkeiles haben praktisch keinen Einfluß auf den

---

[1] Transactions of the American Society of Civil-Ing., Vol. 56, S. 1448 („Erddruckversuche in Amerika und ihre Bedeutung für die Erddrucktheorie", Dr. Ing. A. Streck, Zentralbl. d. Bauverwaltung 1926, Nr. 19). Der Originalaufsatz stand mir leider nicht zur Verfügung.

Erddruck. Lasten auf dem Bruchkeil geben geringere Drücke, als zu erwarten wäre. (Siehe S. 49. Nach den Versuchen von Müller-Breslau, [Sand $\varphi = 32^0$] würde eine Last über den Rand des Bruchkeiles [Abb. 35] noch einen Erddruck $= 56\%$ jenes nach der Coulombschen Theorie bewirken! Daß auch Lasten auf dem Bruchkeil geringere Drücke ergeben müssen, geht aus Abb. 35 und den Bemerkungen hiezu hervor.) 4. Der Erddruck greift immer unter dem Reibungswinkel zwischen Füllung und Wand an. (Müller-Breslau fand auch für glatte Wände noch eine Neigung des Erddruckes von 21^0 bei $\varphi = 32^0$. Zu einem ähnlichen Ergebnis kam vor ihm Leygue.) Die Höhe des Angriffspunktes liegt in $^1/_3$ bis $^4/_{10}\, h$. 5. Für eine lotrechte Mauer und wagrecht abgeglichene Füllung ist der wagrechte Erddruck $E = \dfrac{1}{2}\, \varepsilon \gamma h^2$, die lotrechte Teilkraft bestimmt sich nach 4. 6. Für geneigte Wände gibt die Keiltheorie, mit Berücksichtigung der Wandreibung, ziemlich genaue Werte. 7. Für lotrechte Wand und geneigte Bodenoberfläche dagegen empfiehlt Feld die Wandreibung nicht zu berücksichtigen. 8. Die Versuchsergebnisse stimmen außer unter 5. nicht mit Rankine überein. (Nach Einbau der Wand darf, wenn die Theorie Rankines richtig ist, der Erddruck bei geneigtem Gelände nicht parallel zu seiner Oberfläche sein, sondern muß weniger geneigt sein, auch wenn keinerlei Bewegung des Erdreiches entlang der Wand stattgefunden hat; denn der gegen die Wand schief anlaufende [im unendlichen Erdkörper parallel zu dessen Oberfläche gerichtete] Druck wird an der starren Wand durch die Seitenpressungen [die sich im unendlichen Erdkörper gegenseitig aufheben] um einen Winkel δ abgelenkt, dessen Größe nach Gleichung 10 gegeben ist. Nur wenn die Wand und Geländeoberfläche senkrecht aufeinanderstehen, kann der Druck parallel zum Gelände sein.) 9. Setzungen bewirkten ein Anwachsen des Druckes mit einem Größtwert zwei Stunden nach Einbringen der Füllung. Innerhalb 24 Stunden sank dann der Druck auf ein Maß, um das er dann schwankte. 10. Der Druck ist eine direkte Funktion der Temperatur. (Nach den Versuchen von Müller-Breslau ist der Einfluß aber sehr gering.) 11. Der Druck schwankt nur wenig mit der Feuchtigkeit. Nur bei trockenem Wetter entsteht, infolge Entziehung der Feuchtigkeit längs der Wand, eine größere wagrechte und eine kleinere lotrechte Teilkraft. 12. Auflasten, bewegliche und ruhende, erhöhen den Druck und verdichten die Füllung. Die Erhöhung verschwindet aber wieder gewöhnlich innerhalb sieben Tagen (s. Anm. zu 2.).

Auch bei diesen Versuchen ist die lotrechte Teilkraft des Erddruckes leider nur im ganzen gemessen worden. Es ist aber klar, daß die Drücke der einzelnen Streifen auf die Wand verschieden geneigt sind, und daß daher ein klarerer Einblick in die Ergebnisse von Versuchen mit Einzellasten nur zu erwarten ist, wenn die lotrechte Teilkraft mindestens getrennt für die obere und untere Hälfte der Wand gemessen wird. Daß auch die Gestaltung des Kastenbodens eine Rolle spielt, wurde bereits erwähnt.

33. Folgerungen für die Berechnung

Nach Zusammenstellung 15 weichen die Ergebnisse der Erddruckberechnungen auf Grund gekrümmter und ebener Gleitflächen nicht wesentlich voneinander ab. Man hat daher keinen Anlaß, die einfacheren, auf ebenen Gleitflächen aufgebauten Berechnungsweisen zu verlassen. Nach dieser Zusammenstellung nimmt der Erddruck bis zu Geländeneigungen von etwa $\varphi - 10^0$ nur wenig und ziemlich gleichmäßig zu, bei größerer Geländeneigung rasch. Man kann daher bei Neigungen des Geländes bis $\varphi - 10^0$, ohne Rücksicht auf die Höhe der Böschung den Erddruck nach Zusammenstellung 15 ermitteln. Bei größerer Geländeneigung dagegen lohnt die Ermittlung nach Zusammenstellung 16, wie das Beispiel auf S. 63 zeigt. In dem häufigst vorkommenden Falle einer lotrechten Wand und eines wagrecht abgeglichenen Geländes wird man den Erddruck nach Gleichung 5 rechnen, die Erddruckneigung unter gewöhnlichen Verhältnissen mit $\varphi - 10^0$ wählen und den Angriffspunkt auf Grund der Versuche von Müller-Breslau nach Zusammenstellung 14 annehmen. Die Wirkung von Einzellasten wird man auf Grund der Drucklinienfelder Tafel I bis VI beurteilen.

IV. Erdwiderstand

34. Bedingungen seines Entstehens

Wird ein beliebig abgeglichenes Erdreich durch eine Wand abgeschlossen, so hat diese im Ruhezustand den Erddruck (aktiven Erddruck) aufzunehmen, indem sie ihm durch einen entgegengesetzt gleichen Druck das Gleichgewicht hält. Drückt man diese Wand durch eine zusätzliche, stetig anwachsende Kraft[1] an das Erdreich an, so wird sein natürlicher Spannungszustand, weil es nicht, wie eine Flüssigkeit in einem großen, offenen Gefäß, sofort widerstandslos ausweichen kann, gesteigert. Da ferner der Widerstand, dem die einzelnen Teilchen begegnen, indem sie dem Drucke auszuweichen streben, ein verschiedener ist (an der Oberfläche 0, mit wachsender Tiefe zunehmend), so werden auch die Pressungen der einzelnen Teilchen infolge der zusätzlichen Kraft mit

---

[1] Eine ähnliche Wirkung hat auch das Federn einer Wand infolge ihrer Elastizität oder jener des Untergrundes, denn letztere bewirkt — bei ungleichmäßiger Verteilung der Bodenpressungen — Verdrehungen der Mauer. Sehr eingehend untersucht Prof. Petersen, „Erddruck auf Stützmauern", die Verteilung der Bodenpressungen verschiedener Mauerquerschnitte.

der Tiefe zunehmen. Diese durch die Wand auf das Erdreich übertragenen, mit der Größe der Kraft stetig zunehmenden Pressungen verursachen Spannungsgefälle gegenüber den von der Wand entfernteren Teilchen und führen zu ständigen Spannungsausgleichen, durch Umlagerung der Teilchen und Verdichtung des Bodens, welche letztere dabei mit der Tiefe zunehmen muß. Es ist klar, daß diese Spannungsgefälle, die Größe der Pressungen und die Größe der zusätzlichen Kraft von den möglichen Widerständen des Erdreiches in den verschiedenen Tiefen abhängen, daß also die zusätzliche Kraft, als Summe dieser Einzelwiderstände, eine gewisse Grenze (den Erdwiderstand, passiven Erddruck) nicht überschreiten kann, weil mit dem Überschreiten dieser Grenze das Erdreich nachgibt. Es ist auch klar, daß diese Widerstandsgrenze in den oberen Lagen früher erreicht wird, als in den tieferen. Die anfangs vielleicht noch gleichen Pressungen (Druckverteilung 1) der Wand werden daher von der Bodenoberfläche an mit der Steigerung der Kraft dadurch in ihrer Größe zurückbleiben, daß in immer tieferen Schichten die Grenze

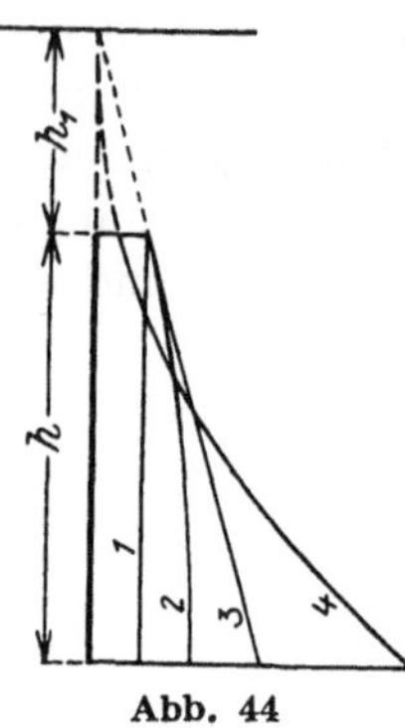

Abb. 44

des möglichen Erdwiderstandes dieser Schicht erreicht wird. Man kann also wieder aufeinanderfolgende Druckverteilungen 1, 2, 3, 4 (Abb. 39) uuterscheiden. Nur ergibt sich beim Erdwiderstand eine mit der Größe der zusätzlichen Kraft stetig zunehmende Ungleichheit der Dichte des Bodens. Sie wird am Wandfuß am größten sein und von dort aus nach oben und von der Wand weg abnehmen. Das wird auf die Gestalt der Bruchfläche und die Größe des Erdwiderstandes natürlich einen Einfluß ausüben, der sich aber rechnerisch nicht verfolgen läßt. Anzunehmen ist, daß der Einfluß der tieferen Schichten maßgebend ist, weil der Druckmittelpunkt mit anwachsendem Druck immer tiefer rückt. Sicher ist, daß der Erdwiderstand einer gegebenen Bodenart einem größeren durchschnittlichen Reibungswinkel und einem größeren spezifischen Gewicht entspricht, als der von dieser Bodenart ausgeübte Druck auf eine ruhende Wand. Um wie viel höher der Reibungswinkel liegen wird, hängt von der Dichte des Bodens und damit dem Grade seiner möglichen Verdichtung[1] durch Umlagern der Teilchen ab. Bei Erdwiderstandsversuchen mit gewachsenem Boden, insbesondere sehr dichten Erdarten würden die Versuchsergebnisse mit jenen der Rechnung besser übereinstimmen. Auf diese doppelte Wirkung der Verdichtung des Bodens ist gewiß ein Teil des Mehrwertes des Erdwiderstandes zurückzuführen, den Franzius bei

---

[1] Prof. Franzius, „Versuche mit passivem Erddruck", Bauingenieur 1924, H. 10. Sand (nicht gewachsen) vor dem Versuch $\varphi = 32 — 35^0$, nachher $\varphi = 40^0$.

seinen Versuchen gemessen hat. Ein anderer Grund liegt in dem raschen Anwachsen des Erdwiderstandes schon bei geringer Wandreibung, sowie darin, daß der größtmögliche erreichbare Erdwiderstand (Druckverteilung 3) größer ist als jener, welcher schließlich den Bruch herbeiführt (Druckverteilung 4) und der den Coulombschen Werten entspricht. Bei einer Flüssigkeit in einem großen offenen Behälter, die der Umlagerung ihrer Teilchen keinen Widerstand entgegensetzt und die keine Verdichtung zuläßt, ist eine Drucksteigerung nicht möglich; der aktive ist gleich dem passiven Druck. Bei Erdarten sind letztere beiden Druckarten eine Folge der inneren Reibung der Erde.

Nach vorstehendem wird der Erdwiderstand erst durch eine Wandbewegung geweckt, mit deren Größe er bis zu einem gewissen Maße wächst. Daraus ergeben sich von selbst die erforderlichen Beschränkungen seiner Ausnützung mit Rücksicht auf die Art seines Bauwerkes.

35. Drucklinien und Druckverteilungen

Die Drucklinien können während des wagrechten Vortreibens der lotrechten starren Wand so lange wagrecht und die Druckverteilung der Wand kann so lange gleichmäßig sein, als es die Belastung des Erdkörpers zuläßt. Ist letztere der Überschüttungshöhe h_1 entsprechend $h_1\gamma$, so ergibt sich die äußerste gleichmäßige Pressung für wagrechte Drucklinien aus der Bedingung

$$\varepsilon p_1 = h_1 \gamma \quad \text{mit} \quad p_1 = \varepsilon_1 h_1 \gamma$$

(Besondere Werte ε_1 für verschiedene Winkel φ enthält Zusammenstellung 1).

Beispielsweise $\varphi = 35^0$, $h_1 = 1{,}0$ m, $\gamma = 1{,}7$ t/m³, $p_1 = 3{,}69 \times 1{,}0 \times$ $\times 1{,}7 = 6{,}3$ t/m² $= 0{,}63$ kg/cm².

Mit dem Überschreiten dieser Grenze entsteht eine Druckverteilung 2 (Abb. 44), die ein allmähliches Aufbiegen der Drucklinien bewirkt und schließlich zu einer Verteilung 3 und 4 führt. Bei der Druckverteilung 2 bieten die obersten Schichten die geringste Sicherheit gegen ein Hinausdrücken; man muß deshalb schon während der dieser Druckverteilung entsprechenden Belastung mit dem Hinausdrücken oberer Schichten, d. h. mit dem Auftreten sekundärer Gleitflächen rechnen. Während der Druckverteilung 3 herrscht in allen Schichten gleiche Sicherheit und mit dem Erreichen der Druckverteilung 4 hat sich die Gleitfläche ausgebildet. Das ist alles schon bekannt aus der Druckverteilung.

36. Gestalt der Drucklinien

Bekannt ist, daß die Krümmung der Drucklinien von der Druckverteilung abhängt nach der Gleichung

$$\varrho = \varepsilon_1 \frac{p}{\dfrac{d\,p}{d\,x}}$$

und daß die Drucklinien als logarithmische Spiralen angenommen werden können. Diese Gestalt der Drucklinien gilt aber nur für den ruhenden Erdkörper. Entwickelt sich aber mit zunehmender Belastung unter steter Änderung der Druckverteilung und der Drucklinien schließlich eine Gleitlinie, so kann dies nur unter dem Einfluß des Erdgewichtes geschehen. Die Krümmung der Drucklinie bewirkt dann der Unterschied der Seitenpressungen $\varepsilon\,dp\,.\,dy$ vermindert um die in ihre Richtung fallende Teilkraft des Gewichtes des Erdelementes. Für ein Element der Drucklinie der Neigung β gegen die Wagrechte würde sich somit der Krümmungshalbmesser annähernd ergeben aus der Gleichung

$$p\,d\,x : (\varepsilon\,d\,p\,.\,d\,y - \gamma\,d\,x\,.\,d\,y) = \varrho : d\,y \quad \text{mit} \quad \varrho = \frac{p}{\varepsilon\,\dfrac{d\,p}{d\,x} - \gamma \cos\beta}$$

Die so erhaltenen Drucklinien sind flacher als jene ohne Berücksichtigung des Erdgewichtes, und zur Erzwingung der kleinsten, dem geringsten Widerstand entsprechenden Spiralen ist somit eine Druckverteilung mit tieferer Schwerpunktslage notwendig, als die einfache Annahme

$$\varrho = \varepsilon_1 \frac{p}{\dfrac{d\,p}{d\,x}}$$

ergibt. Würde man für eine entsprechend geänderte Druckverteilung eine logarithmische Spirale mit dem Pol in Geländehöhe zeichnen, so würde sich diese nur in der Nähe der Wand annähernd mit der Gleitlinie decken, denn letztere verflacht rascher mit wachsendem Leitstrahlwinkel α als die Spirale und geht mit

$$\varepsilon\,\frac{d\,p}{d\,x} = \gamma \cos\beta$$

in eine Gerade über. Man kann somit die Gleitlinie annähernd als logarithmische Spirale mit geradem Auslauf ansehen. Die Neigung des letzteren kann man nach der älteren Erddrucktheorie mit $45 - \dfrac{\varphi}{2}$ beibehalten. Diese Annahme entspricht den Versuchsergebnissen Franzius'.[1]

Daß die Gleitflächen nicht eben sein können, setzten schon Culmann, Scheffler, Mohr und Winkler voraus.

---

[1] Dipl.-Ing. A. Streck, Hannover, „Beitrag zur Frage des passiven Erddruckes", Bauingenieur 1926, Nr. 1, Abb. 1, 2, 5.

37. Annahmen für die Berechnung

Grundsätzlich muß angenommen werden, daß (bei freier Entwicklungsmöglichkeit) die Drucklinien unter einem solchen Winkel von der Wand ausgehen, der die volle Ausnützung der Wandreibung zuläßt. Nach S. 6 wird ein schief, unter einem Winkel β gegen eine Wand gerichteter Druck durch die Seitenpressungen um einen Winkel δ zum Lot abgelenkt, der gegeben ist durch Gleichung 10

$$\operatorname{tg} \delta = \varepsilon \cot \beta.$$

Soll die Wandreibung voll ausgenützt werden, so muß nach Abb. 45 $\beta + \delta = 90 - \varphi_1$ sein; daraus wurde bereits auf S. 52 die Gleichung abgeleitet

$$\cot \beta = \frac{\varepsilon_1 - 1}{2 f_1}\left[1 - \sqrt{1 - \left(\frac{2 f_1}{\varepsilon_1 - 1}\right)^2 \varepsilon_1}\right] \tag{33}$$

Für $\varphi_1 = f_1 = 0$ wird $\cot \beta = 0$, somit $\beta = 90^0$,
für $\varphi_1 = \varphi$, $f_1 = f$ ergab sich auf S. 52

$$\beta = 45 - \frac{\varphi}{2} \tag{33a}$$

Für eine Wandreibung $\varphi_1 < \varphi$ ist der Anlaufwinkel β der Drucklinien nach Gleichung 33 zu berechnen. Man erhält so die Werte der Zusammenstellung 15. Hätte man, im Sinne der üblichen Annahme

Zusammenstellung 17. Anlaufwinkel der Drucklinien (zu Abb. 45)

φ	φ_1	$90 - \beta$	φ	φ_1	$90 - \beta$
20^0	10^0	$20^0\ 15'$	40^0	10^0	$12^0\ 50'$
	20^0	55^0		20^0	$26^0\ 4'$
				30^0	$40^0\ 32'$
25^0	10^0	$17^0\ 9'$		40^0	65^0
	20^0	$37^0\ 1'$			
	25^0	$57^0\ 30'$	45^0	10^0	$12^0\ 7^0$
				20^0	$24^0\ 28'$
30^0	10^0	$15^0\ 10'$		30^0	$37^0\ 30'$
	20^0	$31^0\ 35'$		40^0	$52^0\ 41'$
	30^0	60^0		45^0	$67^0\ 30'$
35^0	10^0	$13^0\ 49'$			
	20^0	$28^0\ 18'$			
	30^0	$45^0\ 20'$			
	35^0	$62^0\ 30'$			

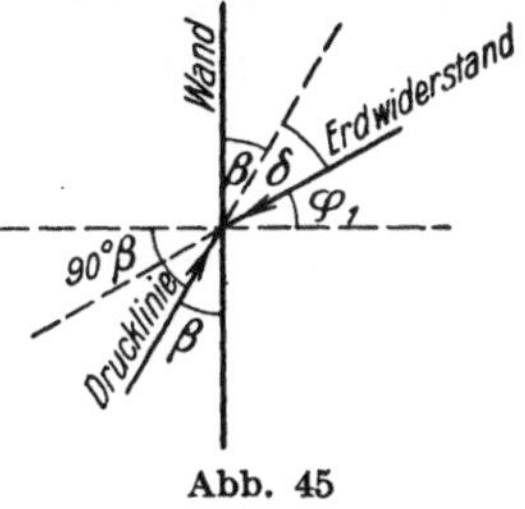

Abb. 45

der Bruchfläche, die Drucklinien von oben einfallend angenommen, so wäre man durch einen negativen Wert β auf die Unrichtigkeit der Annahme aufmerksam geworden.

38. Berechnung für voll ausgebildete Spiralen und rauhe Wände

Den kleinsten Widerstand bieten rechnungsmäßig (wie bereits erwähnt) die kleinsten möglichen logarithmischen Spiralen. Ihr Pol ist daher in Geländehöhe anzunehmen, und zwar auch dann, wenn die Wand nicht bis zur Geländeoberfläche reicht.

Nachstehend ist zunächst die Rechnung für voll ausgebildete Spiralen und dann für solche mit geradem Auslauf durchgeführt. Für voll ausgebildete Spiralen erfolgt die Ermittlung der Größe des Erdwiderstandes am einfachsten nach Schwedler, doch darf man nicht mit ihm die Druckverteilung frei wählen, denn Druckverteilung und Gleitflächenform bestimmen sich wechselseitig. Der einfacheren Rechnung wegen ist im folgenden die Druckverteilung so angenommen, wie sie sich für die Annahme

$$\varrho = \frac{\varepsilon_1\, p}{\dfrac{d\,p}{d\,x}}$$

ergibt. Der so erhaltene Widerstand muß deshalb noch etwas zu groß sein, der Fehler kann aber bei weitem nicht so groß sein, als wenn man den Erdwiderstand einfach im Drittel angreifen läßt. Nicht berücksichtigt sind in folgender Berechnung jene Reibungewiderstände, die infolge der Krümmung der Gleitfläche zwischen den Dreieckselementen auftreten und eine Vergrößerung des Erdwiderstandes bewirken.

Der unter dem Winkel $90 - \beta$ gegen die Wagrechte von der Wand ausgehende Druck wird durch radiale, durch den Pol A (Abb. 46) gehende Widerstände immer wieder abgelenkt. Auf den Widerlagskörper wirken

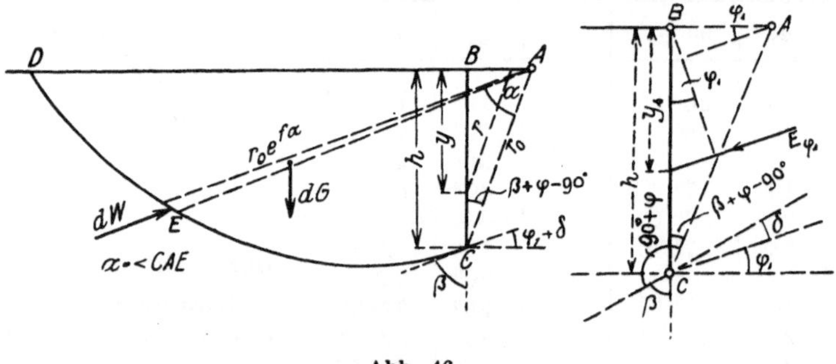

Abb. 46

somit sein Eigengewicht, der Wanddruck (Erdwiderstand) und die durch A gehenden radialen Widerstände. Für A als Momentenpol erhält man daher aus der Gleichsetzung der Momente des Erdgewichtes und des Erdwiderstandes den letzteren.

Nach Abb. 46 ist

$$r_0 = AC = \frac{BC}{\sin(\beta + \varphi)} = \frac{h}{\sin(\beta + \varphi)}, \quad AB = -\,h \cot(\beta + \varphi).$$

Das Gewicht eines dreieckigen Elementes des Widerlagskörpers ist

$$dG = \frac{1}{2} r_0^2 e^{2fa} \gamma \, da,$$

sein Moment betreffend A

$$dM = -dG \cdot \frac{2}{3} r_0 e^{fa} \cdot \cos(\alpha + \beta + \varphi) = -\frac{1}{3} r_0^3 \gamma e^{3fa} \cos(\alpha + \beta + \varphi) \, da;$$

das Moment des Widerlagskörpers betreffend A ist demnach (mit Vernachlässigung des Erdprismas ABC)

$$M \doteq -\frac{1}{3} r_0^3 \gamma \int_0^{\pi - (\beta + \varphi)} e^{3fa} \cos(\alpha + \beta + \varphi) \, da =$$

$$= -\frac{1}{3} \frac{h^3 \gamma}{\sin^3(\beta + \varphi)} \left[\frac{3f \cos(\alpha + \beta + \varphi) + \sin(\alpha + \beta + \varphi)}{9f^2 + 1} e^{3fa} \right]_0^{\pi - (\beta + \varphi)} =$$

$$= +\frac{1}{3} \frac{h^3 \gamma}{\sin^3(\beta + \varphi)} \cdot \frac{3f e^{3f(\pi - \beta - \varphi)} + 3f \cos(\beta + \varphi) + \sin(\beta + \varphi)}{9f^2 + 1} \qquad (37)$$

Die Berechnung des Momentes des Erdwiderstandes setzt die Kenntnis der Druckverteilung voraus; sie soll deshalb zunächst ermittelt werden.

Im allgemeinen ist $r = y : \sin(\beta + \varphi)$, wenn mit y die Tiefe eines Punktes unter der Geländeoberfläche bezeichnet und r die Länge des zugehörigen Leitstrahles (Abb. 46). Es ist daher

$$\varrho = \frac{y \sec \varphi}{\sin(\beta + \varphi)} = \varepsilon_1 \frac{p}{\dfrac{dp}{dy}} \,, \text{ woraus } \frac{dp}{p} = \varepsilon_1 \frac{dy}{y} \cos\varphi \sin(\beta + \varphi)$$

$$\text{und } l\,p = \varepsilon_1 \sin(\beta + \varphi) \cos\varphi \cdot l\,y + C$$

Für $y = h$ ist $p = p_0$ und somit $l\,p_0 = \varepsilon_1 \sin(\beta + \varphi) \cos\varphi \, l\,h + C$, daher

$$l \frac{p}{p_0} = \varepsilon_1 \sin(\beta + \varphi) \cos\varphi \, l\left(\frac{y}{h}\right) = l\left(\frac{y}{h}\right)^{\varepsilon_1 \sin(\beta + \varphi)\cos\varphi}$$

und die Gleichung der Druckverteilung 4 lautet somit

$$p = p_0 \left(\frac{y}{h}\right)^{\varepsilon_1 \sin(\beta + \varphi)\cos\varphi} \qquad (38)$$

Der Erdwiderstand ist

$$E_{\varphi_1} = \int_0^h p\,dy = p_0 \int_0^h \left(\frac{y}{h}\right)^{\varepsilon_1 \sin(\beta + \varphi)\cos\varphi} dy = p_0 h \left[\frac{\left(\dfrac{y}{h}\right)^{\varepsilon_1 \sin(\beta + \varphi)\cos\varphi + 1}}{\varepsilon_1 \sin(\beta + \varphi)\cos\varphi + 1} \right]_0^h =$$

$$E_{\varphi_1} = \frac{p_0 h}{\varepsilon_1 \sin(\beta + \varphi)\cos\varphi + 1} = p_m^{\sim} h \qquad (39)$$

woraus sich die mittlere Pressung ergibt mit

$$(40) \qquad p_m = \frac{p_0}{\varepsilon_1 \sin(\beta + \varphi)\cos\varphi + 1}$$

Die Gestalt der Druckverteilungslinie ist über dies nach Gleichung 38 bestimmt durch

$$\left(\frac{dp}{dy}\right)_{y=0} = 0, \quad \left(\frac{dp}{dy}\right)_{y=h} = \varepsilon_1 \frac{p_0}{h} \sin(\beta + \varphi)\cos\varphi$$

und allgemein durch

$$\frac{dp}{dy} = \varepsilon_1 \frac{p_0}{h}\left(\frac{y}{h}\right)^{\varepsilon_1 \sin(\beta+\varphi)\cos\varphi - 1} \sin(\beta + \varphi)\cos\varphi$$

Die Tiefe des Angriffspunktes unter der Geländeoberfläche y_s erhält man aus

$$E_{\varphi_1} y_s = \int_0^h p\, y\, dy = p_0 \int_0^h y\left(\frac{y}{h}\right)^{\varepsilon_1 \sin(\beta+\varphi)\cos\varphi} dy = p_0 h^2 \left[\frac{\left(\frac{y}{h}\right)^{\varepsilon_1 \sin(\beta+\varphi)\cos\varphi + 2}}{\varepsilon_1 \sin(\beta+\varphi)\cos\varphi + 2}\right]_0^h =$$

$$= \frac{p_0 h^2}{\varepsilon_1 \sin(\beta+\varphi)\cos\varphi + 2}$$

und Gleichung 39 mit

$$(41) \qquad y_s = \frac{\varepsilon_1 \sin(\beta+\varphi)\cos\varphi + 1}{\varepsilon_1 \sin(\beta+\varphi)\cos\varphi + 2}\, h$$

Das Moment des Erdwiderstandes betreffend A ist

$$E_{\varphi_1}\left[y_s \cos\varphi_1 + h \cot(\beta + \varphi)\sin\varphi_1\right] =$$

$$= E_{\varphi_1} h \cos\varphi_1\left[\frac{y_s}{h} + f_1 \cot(\beta + \varphi)\right]$$

Setzt man dies dem Moment nach Gleichung 37 gleich, so erhält man den Erdwiderstand $E_{\varphi 1}$ für die Wandreibung φ_1

$$(42) \quad E_{\varphi 1} = \frac{\left\{3f\left[e^{3f(\pi-\beta-\varphi)} + \cos(\beta + \varphi)\right] + \sin(\beta + \varphi)\right\}\sec\varphi_1}{3(9f^2 + 1)\sin^3(\beta + \varphi)\left[\dfrac{y_s}{h} + f_1 \cot(\beta + \varphi)\right]}\, h^2\gamma$$

Für die Wandreibung $\varphi_1 = 0$ ist $\beta = 90^0$ und somit

$$(42\,\text{a}) \qquad E_0 = \frac{\varepsilon_1 \cos^2\varphi + 2}{\varepsilon_1 \cos^2\varphi + 1} \cdot \frac{3f\left[e^{3f\left(\frac{\pi}{2} - \varphi\right)} - \sin\varphi\right] + \cos\varphi}{3(9f^2 + 1)\cos^3\varphi}\, h^2\gamma$$

und für $\varphi_1 = \varphi$; $\beta = 45 - \dfrac{\varphi}{2}$,

$$E_\varphi = \frac{\left\{ 3f \left[e^{3f\left(\frac{3\pi}{4} - \frac{\varphi}{2}\right)} + \cos\left(45 + \frac{\varphi}{2}\right) \right] + \sin\left(45 + \frac{\varphi}{2}\right) \right\} \sec \varphi}{3\,(9f^2 + 1)\,\sin^3\left(45 + \frac{\varphi}{2}\right) \left[\dfrac{y_s}{h} + f \cot\left(45 + \frac{\varphi}{2}\right) \right]}\, h^2 \gamma \qquad (42\,\mathrm{b})$$

Für $\varphi = 0$ geben die Formeln richtig $E = \dfrac{1}{2}\,\gamma\,h^2$ und die Tiefe des Angriffspunktes richtig mit $\dfrac{2}{3}\,h$.

Diese Formeln geben nachstehende besondere Werte (Zusammenstellung 18).

39. Berechnung für Spiralen mit ebenem Auslauf

Nimmt man, gemäß der Erwägung auf S. 70, die Gleitfläche als logarithmische Spirale mit ebenem Auslauf unter dem Bruchwinkel $45 - \dfrac{\varphi}{2}$ nach Abb. 47 an, so kann man annähernd den radialen Gesamtwiderstand parallel zur Halbierenden des Winkels CAD annehmen. Denn ist in C die Pressung des Flächenelementes $r\,da$, $p \cdot r\,da$, so wäre sie in D annähernd $pe^{-fa} \cdot re^{fa}\,da = p \cdot r\,da$. Die den einzelnen Winkelelementen da zukommenden Drücke wären somit konstant und ihre Resultierende wäre die Symmetrale des Winkels CAD. Zeichnet man nun einen Kräfteplan, indem man zunächst das Gewicht G_1 des Erdkörpers BDE in die Teilkräfte W und W_1 zerlegt (letztere ist parallel DE) und dann die Resultierende des Gewichtes G_2 des Erdkörpers BCD und W_1 nach W_2 und E zerlegt, so erhält man

$$E = \left(\frac{1}{2}\,G_1 + G_2\right) \operatorname{tg} \frac{1}{4}\,(90 + 3\,\varphi) + \frac{1}{2}\,G_1 \operatorname{tg}\left(45 + \frac{\varphi}{2}\right) \qquad (43)$$

und daraus die in Zusammenstellung 19 ausgewiesenen Werte.

Es ist

$$G_1 = \frac{1}{2}\,(2a - c)\,b\gamma \qquad G_2 = \left[\frac{d^2 - r^2}{4f} - \frac{c}{2}\,(h - b)\right]\gamma \qquad f = \operatorname{tg} \varphi$$

$$r = h \sec \varphi, \quad d = r\,e^{f\left(45 - \frac{\varphi}{2}\right)}, \quad a = d \cos\left(45 - \frac{\varphi}{2}\right),$$

$$c = fh \, , \quad b = d \sin\left(45 - \frac{\varphi}{2}\right)$$

Zusammenstellung 18. Erdwiderstände für die Wandlänge 1 (zu Abb. 46)

φ	$\frac{\varepsilon_1}{2}$	$E\varphi_1 : \gamma h^2$								wagrechte Teilkraft $E\varphi_1{}^1 : \gamma h^2 = \frac{E\varphi_1}{\gamma h^2}\cos\varphi_1$						
		$\varphi_1=0$	10	20	25	30	35	40	45	10	20	25	30	35	40	45
20	1,02	1,05	1,47	4,00						1,45	3,76					
25	1,23	1,25	1,88	2,77	5,87					1,85	2,61	5,32				
30	1,50	1,50	2,33	3,28		9,03				2,30	3,02		7,82			
35	1,85	1,80	2,97	4,04		6,98	14,8			2,93	3,80		6,05	12,1		
40	2,30	2,20	3,84	5,31		8,62	—	26,2		3,79	4,99		7,47	—	20,1	
45	2,91	2,74	5,06	7,23		12,3	—	21,3	52,3	4,98	6,79		10,7	—	16,3	37,0

Zusammenstellung 19. Erdwiderstände für $\varphi_1 = 0$ und die Wandlänge 1)zu Abb. 47)

φ	Abmessungen des Widerlagskörpers ($h = 1$)					
	a	b	c	d	r	l
20	1,089	0,762	0,364	1,329	1,064	1,81
25	1,212	0,772	0,466	1,437	1,103	1,96
30	1,354	0,781	0,577	1,563	1,155	2,13
35	1,516	0,789	0,700	1,709	1,221	2,33
40	1,706	0,795	0,839	1,882	1,305	2,57
45	1,935	0,801	1,000	2,094	1,414	2,87

	$\frac{G_1}{\gamma h^2}$	$\frac{G_2}{\gamma h^2}$	$\frac{E}{\gamma h^2}$	$\frac{\varepsilon_1}{2}$
20	0,691	0,392	1,06	1,02
25	0,756	0,402	1,28	1,23
30	0,832	0,417	1,55	1,50
35	0,920	0,437	1,91	1,84
40	1,023	0,462	2,36	2,30
45	1,150	0,497	2,99	2,91

Die Abmessungen für $\varphi = 30$ und 35^0 stimmen mit den Versuchsergebnissen von Prof. Franzius gut überein.

Die Werte beider Zusammenstellungen (18 und 19) stimmen mit den Coulombschen gut überein; man wird deshalb bei lotrechter Wand und wagrecht abgeglichenem Gelände weiter die alte Formel

$$E = \frac{1}{2}\,\gamma h^2\,\mathrm{tg}^2\left(45 + \frac{\varphi}{2}\right)$$

benützen, wenn sie auch auf anderen Voraussetzungen aufgebaut ist. Nach Zusammenstellung 18 wächst der Erdwiderstand mit der Größe der Wandreibung bis annähernd $\varphi_1 = \frac{\varphi}{2}$ nahezu geradlinig und schon in diesem Teil rasch, bei größerer Wandreibung aber außerordentlich. Man wird deshalb bei der Wahl dieses Reibungswinkels vorsichtig sein müssen, nicht über $\varphi_1 = \frac{\varphi}{2}$ hinausgehen und den sich so ergebenden Erdwiderstand nur mit einem Teil in Rechnung ziehen.

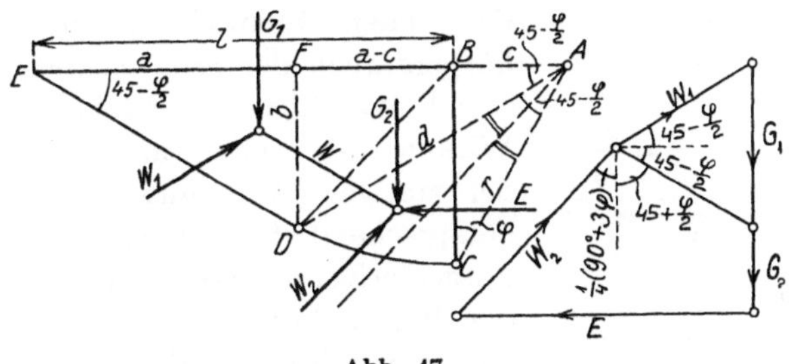

Abb. 47

40. Erdwiderstand für Dreiecksdruckverteilung

Von Interesse ist noch die Größe des Erdwiderstandes bei der gewöhnlich vorausgesetzten dreieckigen Druckverteilung, mit deren Eintreten sich die Widerlagskörper voll entwickeln. Man kann hiebei mit guter Annäherung die logarithmischen Spiralen als Parabeln ansehen und erhält zunächst den Winkel a (Abb. 48) aus der Gleichung

$$- \varepsilon_1 \, h \, e^{fa} \cos\varphi \cos(a+\varphi) + \varepsilon_1 h \cos^2\varphi = h \quad \text{oder}$$
$$e^{fa} \cos(a+\varphi) = \cos\varphi - \varepsilon \sec\varphi$$

und sodann den Erdwiderstand aus den Momenten betreffend A

$$G\left(\frac{3}{8}\, l + \frac{1}{2}\, \varepsilon_1 \, h \, \sin 2\varphi\right) = E_0 \left(\varepsilon_1 \, h \cos^2\varphi - \frac{h}{3}\right)$$

hierin ist

$$l = \varepsilon_1 \, h \cos\varphi \,.\, e^{fa} \sin(a+\varphi) - \frac{1}{2}\varepsilon_1 \, h \, \sin 2\varphi.$$

Man erhält nachstehende Werte

Zusammenstellung 20. **Erdwiderstände für Druckverteilung 3 und die Wandlänge 1 (zu Abb. 48)**

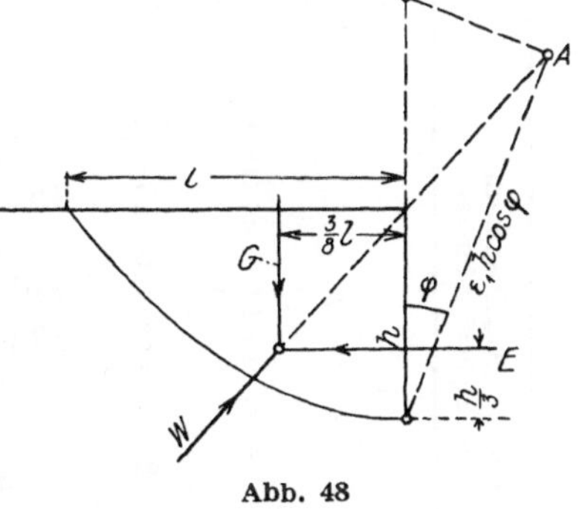

Abb. 48

φ	a	$\dfrac{l}{h}$	$\dfrac{M_g}{\gamma\,h^3}$	$\dfrac{\eta}{h}$	$\dfrac{E_0}{\gamma\,h^3}$
20	52°32′	1,90	1,73	1,47	1,18
30	41°32′	2,45	3,61	1,92	1,88
40	32°35′	3,15	7,24	2,36	3,06
45	28°38′	3,60	10,22	2,58	3,96

Diese Werte sind etwas größer als jene für Druckverteilung 4 (Zusammenstellung 18). Wird somit unter ständigem Anwachsen der Kraft, wobei der jeweilige Erdwiderstand stets gleich ist, der gerade aufgewendeten Kraft), die Druckverteilung 3 erreicht, so ist mit diesem Augenblick

Zusammenstellung 21 (zu Gl. 41).

Höhe des Angriffspunktes des Erdwiderstandes	$\varphi = 20$	25	30	35	40	45°
$\varphi_1 = 0$ $\dfrac{\eta}{h} = \dfrac{1}{2 + \varepsilon_1 \cos^2 \varphi} =$	$\dfrac{1}{3,80} = 0263$	$\dfrac{1}{4,02} = 0248$	$\dfrac{1}{4,25} = 0236$	$\dfrac{1}{4,48} = 0224$	$\dfrac{1}{4,70} = 0213$	$\dfrac{1}{4,91} = 0204$
$\varphi_1 = 10°$ $\dfrac{\eta}{h} = \dfrac{1}{2 + \varepsilon_1 \sin(\beta + \varphi)\cos\varphi} =$	$\dfrac{1}{3,92} = 0255$	$\dfrac{1}{4,21} = 0237$	$\dfrac{1}{4,51} = 0222$	$\dfrac{1}{4,82} = 0208$	$\dfrac{1}{5,13} = 0195$	$\dfrac{1}{5,46} = 0183$
$\varphi_1 = \varphi$ $\dfrac{\eta}{h} = \dfrac{1}{2 + \varepsilon_1 \cos\varphi \sin\left(45 + \frac{\varphi}{2}\right)} =$	$\dfrac{1}{3,57} = 0280$	$\dfrac{1}{3,88} = 0258$	$\dfrac{1}{4,25} = 0235$	$\dfrac{1}{4,68} = 0214$	$\dfrac{1}{5,19} = 0193$	$\dfrac{1}{5,79} = 0172$

der vollen Entwicklung des Widerlags-körpers auch der größtmögliche Erdwider-stand (Wanddruck) erreicht. Bei weiterem Wirken dieser Grenzlast oder selbst einer, der stetigen Abnahme des Widerstandes entsprechend stetig abnehmenden Last wird unter stetiger Änderung der Druckverteilung der Bruch herbeigeführt. Man wird des-halb nur mit einem Bruchteil des kleinsten Erdwiderstandes nach Druckverteilung 4 rechnen, denn daß eine reine Druckver-teilung 3 erreicht wird und mit ihr eine etwas größere Bruchlast, kann man nicht mit Sicherheit annehmen. Es ist aber möglich, daß bei Versuchen diese höheren, der Dreiecks-Druckverteilung (3) entspre-chenden Werte erreicht werden, und daß sich unter dem Einflusse der eingetretenen Verdichtung des Erdkörpers die, der Druck-verteilung 4 (Abb. 47) entsprechende Bruchfläche für einen größeren (als den ur-sprünglichen) Reibungswinkel herausbildet. Die zulässige Pressung in der Tiefe h ist so-mit bei glatten Wänden gegeben durch $\frac{1}{n} \varepsilon_1 h \gamma$, wenn n einen Sicherheitsfaktor bedeutet.

41. Höhe des Angriffspunktes

Zu erwähnen ist noch, daß der Erd-widerstand im allgemeinen nicht im unteren Drittelpunkt angreift, sondern in einer Höhe, die von der Reibung und der Wand-reibung abhängt; nur bei reibungslosen Flüssigkeiten greift der Widerstand im unteren Drittelpunkt an.

42. Den Einfluß der Wandreibung

gibt diese Berechnungsweise bei kleinen Werten der Wandreibung etwas größer an. Für $\varphi = 30°$ (35°) wächst der Erdwider-stand bei Wandreibungen von 0 bis 10° von 1,50 (1,80) auf 2,30 (2,93) γh^2, somit auf das

1,53 (1,63) fache nach Krey[1] 1,38 (1,44). Möller[2] gibt für $\varphi = 35^0$ und $\varphi_1 = \dfrac{1}{3}\varphi$ das Verhältnis mit 1,5 an, Streck[3] 1,4. Für $\varphi = 35^0$ und $\varphi_1 = 18^0\,50'$ gibt Dörr[4] auf Grund der geometrischen Erddrucktheorie von Engesser[5] das Verhältnis an mit 2, nach Streck ergibt sich 1,8, nach diesem Verfahren 2,0. Die Werte der Zusammenstellung 18 werden daher die Versuchsergebnisse Franzius' etwas besser erklären, wobei noch zu berücksichtigen ist, daß sich die Gleitlinie nicht frei ausbilden konnte, weil sie der Kastenboden hinderte. Nach Zusammenstellung 15 gehen die Drucklinien bei 10^0 Wandreibung und $\varphi = 30^0$ unter $15^0\,10'$ von der Wand abwärts aus, bei 6^0 Wandreibuug, wie sie bei den letzten Versuchen von Franzius war, wäre der Winkel etwa 9^0.

Unnatürlich ist an der Annahme ebener Bruchflächen, daß der Druck an der Wand plötzlich um einen großen Winkel abgelenkt werden soll, besonders wenn Wandreibung auftritt. Das könnte nur eine große Einzelkraft bewirken, die im Erdreich nicht auftreten kann. Bei den Versuchen von Franzius hätte die Ablenkung durch den Kastenboden bewirkt werden können; aber auch da ist ein allmählicher Übergang beobachtet worden. Leider konnte sich bei diesen Versuchen die Bruchflächen nicht frei einstellen, weil die verschiebbare Wand bis zum Kastenboden reichte. Dieser Zwang bei der Ausbildung der Bruchfläche erhöhte zweifellos den Erdwiderstand.

Unnatürlich ist ferner an ebenen Bruchflächen, daß sich der Druck durch den Engpaß der Senkrechten von der Mauerkrone auf die Bruchebene zwängen soll; bei krummen Gleitflächen nimmt die verfügbare Breite stetig zu, die Pressungen der aufeinanderfolgenden Querschnitte nehmen somit ständig ab.

43. Einfluß der Überschüttung

Daß überschüttete Wände verhältnismäßig größere Erdwiderstände ergeben, wurde in der Einleitung (S. 15) schon nachgewiesen. Die dort (Zusammenstellung 3) für ebene Bruchflächen ausgewiesenen Werte dürften für gekrümmte Gleitflächen etwas zu klein sein.

---

[1] Krey, „Erddruck, Erdwiderstand und Tragfähigkeit des Baugrundes".

[2] Möller, „Über die Größe des passiven Erddruckes" (Bauingenieur 1926, H. 17). Erddrucktabellen.

[3] Streck, „Beitrag zur Frage des passiven Erddruckes" (Bauingenieur 1926, H. 1 und 2). Nach Gl. 42 ergibt sich 1,7.

[4] Dörr, „Bemerkungen zu den Versuchen über den Erdwiderstand (Franzius)" (Bauingenieur 1926, H. 17).

[5] Engesser, „Geometrische Erddrucktheorie" (Zeitschr. f. Bauwesen, 1880).

44. Einfluß der Geländeneigung

Die Verringerung des Erdwiderstandes reibungsloser Wände bei abfallendem Gelände gibt Zusammenstellung 22 auf Grund der Gleichung 43.

Zusammenstellung 22. Verringerung (100 $\varkappa$) des Erdwiderstandes durch die Geländeneigung

	$\varphi = 20$	25	30	35	40	45	
$\omega = 0$	100	100	100	100	100	100%	
5	87	86	85	84	84	81%	
10	76	75	73	71	71	67%	$E = \varkappa \dfrac{1}{2} \varepsilon_1 \gamma h^2$
15	66	66	63	61	61	56%	
20	59	58	55	54	54	48%	zu Abb. 32
25°	54	52	48	47	48	41%	

45. Einfluß der Wandlänge (Maste)

Die abgeleiteten Erdwiderstandswerte gelten für eine unendlich lange Wand, die gleichmäßig vorgetrieben wird. Bei endlich langer Wand ist der Widerstand verhältnismäßig größer, weil sich der Druck auch im wagrechten Sinne über die Mauer hinaus verteilt. Unter sonst gleichen Verhältnissen wird somit eine kürzere Mauer einen größeren Erdwiderstand (p. m. Mauerlänge) hervorrufen, als eine längere. Bei zu schmalen Wänden (Masten) in leichten Bodenarten aber würde der Boden nicht vor dem Mast, sondern seitlich von ihm ausweichen; das kann bestimmend sein für die Größe des zulässigen Spitzenzuges, oder es kann der Spitzenzug maßgebend sein für die Wahl einer anderen Gründung.

Bei Masten überwiegt in der Regel bei weitem die Wirkung des Biegemomentes infolge des Spitzenzuges und es ist für praktische Zwecke zulässig, die Wirkung der Querkraft zu vernachlässigen. Ein Grund mehr hiezu ist die ungenaue Kenntnis jenes Maßes, um welches der Erdwiderstand des Mastteiles BD (Abb. 49) größer ist, als der einfachen Formel $\varepsilon_1 t \gamma$ entspricht; und größer ist dieser Erdwiderstand, während für den obersten Teil des eingespannten Mastfußes (von A abwärts) letztere Formel gilt. Der Erdwiderstand des Mastteiles BD ist mindestens als Widerstand einer überschütteten Wand der Höhe BD zu ermitteln. In Wirklichkeit wird der Erdwiderstand noch größer sein, weil der Mastteil BD nicht parallel zur Geländeoberfläche bewegt wird, sondern sich zu drehen sucht, die Pressungen dieses Mastteiles somit nach oben viel rascher abnehmen, als dies bei der Ableitung des Erdwiderstandes überschütteter Wände vorausgesetzt wurde. Nimmt man daher die Spannungsverteilung der Masteinspannung derart, daß in der Mastsohle B gerade die Pressung $\varepsilon_1\,t\,\gamma$ erreicht wird, so muß man für den obersten Teil der Einspannung $A\,C$ die Zunahme der Pressungen nach $\dfrac{1}{\nu}\,\varepsilon_1\,t\,\gamma$ annehmen, worin $\nu > 1$. Wie groß man ν zu wählen hat, um gleiche Sicherheit an der Einspannung (bei A und B) zu erreichen, ist nicht leicht zu sagen. Einen ungefähren Aufschluß gibt Zusammenstellung 3, wenn man $A\,D$ (Abb. 49) als Überschüttungshöhe h_1 und $B\,D$ als Wandhöhe h auffaßt.

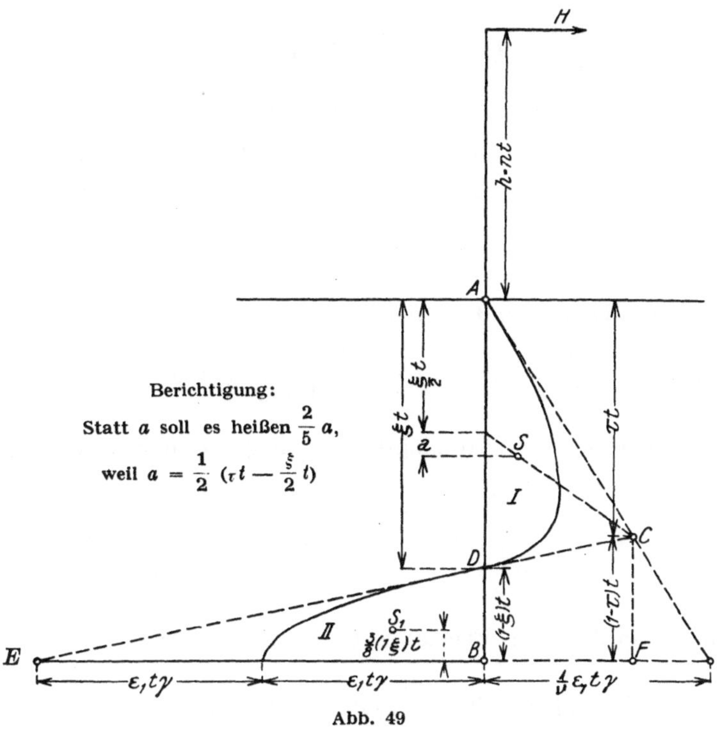

Abb. 49

Ergibt sich für ein zunächst gewähltes ν ein Verhältnis $A\,D : A\,B$, dem nach Zusammenstellung 3 der gewählte Wert ν entspricht, so dürfte letzteres annähernd richtig sein. Die Sicherheit wäre dann an der oberen und unteren Einspannstelle (A, B) annähernd gleich $1 : \nu$.

Für den oberen Teil der Masteinspannung $A\,D$ kann man zweifellos annähernd eine parabolische Druckverteilung annehmen, im unteren Teil $D\,B$ wird diese Annahme vielleicht weniger zutreffen, sie soll aber bei den vielen Unsicherheiten der Rechnung ihrer Einfachheit wegen getroffen werden. (Die Annahme verschiedener Art von Druckverteilung in den Teilen $A\,D$ und $B\,D$ verwickelt die Rechnung.)

Vernachlässigt man die Wirkung der Querkraft, so müssen die

Spannungsflächen I und II in Abb. 49 gleich groß sein und infolgedessen auch die beiden Dreiecke ACD und BDE. Somit gilt (wenn die Tiefen im Maßstab t, die Pressungen im Maßstab $\varepsilon_1 t \gamma$ gemessen werden

$$\xi \frac{\tau}{\nu} = 2\,(1 - \xi); \quad \xi = \frac{2\,\nu}{2\,\nu + \tau}; \quad 1 - \xi = \frac{\tau}{2\,\nu + \tau}$$

Aus der Ähnlichkeit der beiden Dreiecke EBD und ECF ergibt sich ferner

$$2 : \left(2 + \frac{\tau}{\nu}\right) = (1 - \xi) : (1 - \tau); \quad 1 - \xi = \frac{2\,\nu\,(1 - \tau)}{2\,\nu + \tau}$$

und durch Gleichsetzen mit dem früher ermittelten Wert

$$1 - \xi = \frac{\tau}{2\,\nu + \tau} = \frac{2\,\nu\,(1 - \tau)}{2\,\nu + \tau}; \quad \tau = \frac{2\,\nu}{1 + 2\,\nu}; \quad \xi = \frac{1 + 2\,\nu}{2\,(1 + \nu)},$$

$$1 - \xi = \frac{1}{2\,(1 + \nu)} \qquad \tau\,\xi = \frac{\nu}{1 + \nu}$$

Die Spannungsflächen sind je gleich

$$\frac{2}{3}\,\frac{\tau}{2\,\nu}\,\varepsilon_1\,t\,\gamma \cdot \xi\,t = \frac{1}{3}\,\frac{1}{1 + \nu}\,\varepsilon_1\,t^2\,\gamma,$$

die größte Pressung der Spannungsfläche I liegt in einer Tiefe $\dfrac{\xi}{2}\,t + a$, worin

$$a = \frac{1}{2}\left(\tau - \frac{\xi}{2}\right) t = \frac{1}{2}\left[\frac{2\,\nu}{1 + 2\,\nu} - \frac{1 + 2\,\nu}{4\,(1 + \nu)}\right] t = \frac{4\,\nu^2 + 4\,\nu - 1}{8\,(1 + \nu)\,(1 + 2\,\nu)}\,t.$$

Der Schwerpunkt dieser Fläche liegt in einer Tiefe $\dfrac{1}{2}\,\xi\,t + \dfrac{2}{5}\,a$, der Schwerpunkt der unteren Spannungsfläche II in einer Höhe $\dfrac{3}{8}\,(1 - \xi)\,t$; daher ist der Abstand der beiden Schwerpunkte

$$t - \left[\frac{1}{2}\,\xi\,t + \frac{2}{5}\,a + \frac{3}{8}\,(1 - \xi)\,t\right] = \frac{64\,\nu^2 + 114\,\nu + 49}{80\,(1 + \nu)\,(1 + 2\,\nu)}\,t$$

und das Moment der Spannungsflächen für die Breite 1

$$\frac{1}{3}\,\frac{1}{1 + \nu}\,\varepsilon_1\,t^2\,\gamma \cdot \frac{64\,\nu^2 + 114\,\nu + 49}{80\,(1 + \nu)\,(1 + 2\,\nu)}\,t = \frac{(64\,\nu^2 + 114\,\nu + 49)}{240\,(1 + \nu)^2\,(1 + 2\,\nu)}\,\varepsilon_1\,t^3\,\gamma$$

Bezieht man das Moment des Spitzenzuges H auf den Schwerpunkt der oberen Spannungsfläche, so erhält man es etwas zu klein, weil diese Spannungsfläche um den Spitzenzug größer sein muß, ihr Schwerpunkt somit tiefer liegt. Man erhält

$$H \left(n t + \frac{1}{2} \xi t + \frac{2}{5} a \right) = H \left[n + \frac{6 v^2 + 6 v + 1}{5 (1 + v)(1 + 2 v)} \right] t$$

und durch Gleichsetzen dem Moment der Spannungsfläche für die Einspannungsbreite b

$$H = \frac{\varepsilon_1 t^2 b \gamma}{\dfrac{240 (1 + v)^2 (1 + 2 v)}{64 v^2 + 114 v + 49} n + \dfrac{48 (1 + v)(6 v^2 + 6 v + 1)}{64 v^2 + 114 v + 49}} \qquad (44)$$

Für $v = 1{,}5$ gibt diese Gleichung

$$H = \frac{\varepsilon_1 t^2 b \gamma}{16{,}5 \, n + 7{,}8} = \frac{\varepsilon_1 t^2 b \gamma}{16{,}5 \, n + 8} \qquad (44\,\text{a})$$

Ferner ist $\xi = \dfrac{1 + 2 v}{2 + 2 v} = 0{,}8$, und nach Zusammenstellung 3 $v = 1{,}91 \ (2{,}47)$ für $\varphi = 20 \ (45^0)$; die Sicherheit der Mastsohle gegen seitliches Ausweichen ist somit noch immer größer, als die bei A (Abb. 49). Für $v = 2$ wäre $\xi = \dfrac{5}{6}$ und nach Gl. 22 $v = \dfrac{36 - 25 \, \varepsilon}{11}$, somit für $\varphi = 20^0 \ (45^0)$, bzw. $\varepsilon = 0{,}490 \ (0{,}172)$, $v = 2{,}16 \ (2{,}5)$. Eine gleiche Sicherheit kann man durch Verbreiterung an der oberen Einspannstelle (A) erreichen.[1] Das größte Biegemoment des Mastes tritt in jener Tiefe y auf, in welcher die Querkraft θ ist; somit $H - \dfrac{1}{v} \varepsilon_1 y \gamma \cdot \dfrac{y}{2} b = 0$; $y = \sqrt{\dfrac{2 H v}{\varepsilon_1 b \gamma}}$

Das Moment ist $H \left(h + \dfrac{2}{3} y \right)$.

Gleichung 44a gibt für das Stampfbetonfundament IX der Versuche Fröhlichs[2] mit $h = 6$ m, $t = 2{,}5$ m, $n = \dfrac{h}{t} = 2{,}4$, $b = 1{,}35$ m, $\varepsilon_1 = 3{,}53$, $\gamma = 2{,}18 \ t/\text{m}^3$, $H = \dfrac{3{,}53 \times 2{,}18 \times 2{,}5^2 \times 1{,}35}{16{,}5 \times 2{,}4 + 8} = 1{,}36 \ t$. Gemessen wurden zu $H = 1{,}425$ t nur 25 mm Mastspitzenausschlag, d. i. 1 mm auf 57 kg Spitzenzug, zu $H = 1980 = 1425 + 555$ kg aber bereits $51 = 25 + 26$ mm, oder 1 mm Vergrößerung des Spitzenausschlages auf 21,5 kg Zuwachs des Spitzenzuges. Die wesentliche Überschreitung des berechneten Spitzenzuges beschleunigt somit die Mastverdrehung. Ähnliches zeigt sich auch bei den Versuchen 4, 5 und 6 von Dörr.[1] Eine Verbiegung des Mastfußes $A B$ muß (wie später noch begründet wird) die Standsicherheit der Maste verringern.[1] Deshalb muß die Maststärke in einem

---

[1] Dörr, „Die Standsicherheit der Masten und Wände im Erdreich".

[2] Fröhlich, „Beitrag zur Berechnung von Mastfundamenten".

bestimmten Verhältnis zur Eingrabungstiefe stehen (wie die Höhe eines Trägers zu seiner Stützweite), sie soll aber auch so groß sein, daß in jeder Tiefe der Widerstand des Bodens ausgenützt werden kann.

V. Tragfähigkeit

46. Tragfähigkeit von Platten bei Flachgründungen

Bei der Ermittlung des Erdwiderstandes wurde das Moment eines Elementes des Widerlagskörpers betreffs des Poles A (Abb. 46) gefunden mit

$$- d M = \frac{1}{3} r_0^3 \gamma\, e^{3fa} \cos (\varphi + \beta + \alpha)\, d\alpha$$

Setzt man hierin $\beta + \varphi = 90^0$ und integriert man zwischen den Grenzen $+ \dfrac{\pi}{2}$ und $- \dfrac{\pi}{2}$, so erhält man annähernd das für die Beurteilung der Tragfähigkeit einer auf dem Erdreich liegenden starren Platte maßgebende Moment

$$M = \frac{1}{3} h^3 \gamma \left[\frac{3f \sin\alpha - \cos\alpha}{9f^2 + 1} e^{3fa} \right]_{-\frac{\pi}{2}}^{+\frac{\pi}{2}} = \frac{1}{3} h^3 \gamma \frac{3f e^{3f \frac{\pi}{2}} + 3f\, e^{-3f \frac{\pi}{2}}}{9f^2 + 1} =$$

$$(45) \qquad = \frac{1}{3} h^3 \gamma \frac{e^{3f \frac{\pi}{2}} + e^{-3f \frac{\pi}{2}}}{3f + \dfrac{1}{3f}} = \frac{2}{3} h^3 \gamma \frac{\mathfrak{Cof}\, 3f \frac{\pi}{2}}{3f + \dfrac{1}{3f}}$$

Dieses Moment muß gleich sein jenem der Plattenlast.

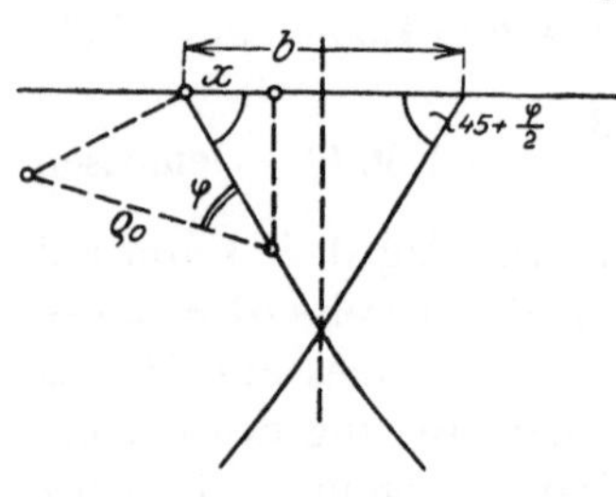
Abb. 50

Nimmt man nach Schwedler unter der Platte einen treibenden Erdkeil von Plattenbreite mit den Basiswinkeln $45 + \dfrac{\varphi}{2}$ an (Annahme 1), so ist die Teilkraft der Plattenlast

$$\frac{1}{2} Q \sec \left(45 - \frac{\varphi}{2} \right),$$

ihr Moment betreffs des Poles ist

$$\frac{1}{2} Q \sec \left(45 - \frac{\varphi}{2} \right) \cdot \frac{1 + \varepsilon_1 \cos\varphi \cos \left(45 + \dfrac{\varphi}{2} \right)}{2 + \varepsilon_1 \cos\varphi \cos \left(45 + \dfrac{\varphi}{2} \right)} \cdot \frac{b}{2} \sec \left(45 + \frac{\varphi}{2} \right) \cos\varphi$$

weil $\varrho_0 = x \sec\left(45 + \dfrac{\varphi}{2}\right) \sec\varphi$, ferner ist

$$Q = b\,p \quad \text{und} \quad h = \frac{b}{2}\sec\left(45 + \frac{\varphi}{2}\right) e^{f\left(45 - \frac{\pi}{2}\right)}$$

Man erhält somit durch Gleichsetzen der beiden Momente

$$\frac{2}{3}\cdot\frac{b^3}{8}\sec^3\left(45 + \frac{\varphi}{2}\right) e^{3f\left(45 - \frac{\varphi}{2}\right)}\cdot\gamma\cdot\frac{\mathfrak{Cof}\,3f\,\dfrac{\pi}{2}}{3f + \dfrac{1}{3f}} =$$

$$= \frac{bQ}{4}\sec\left(45 - \frac{\varphi}{2}\right)\sec\left(45 + \frac{\varphi}{2}\right)\cdot\frac{1 + \varepsilon_1\cos\varphi\cos\left(45 + \dfrac{\varphi}{2}\right)}{2 + \varepsilon_1\cos\varphi\cos\left(45 + \dfrac{\varphi}{2}\right)}\cdot\cos\varphi$$

und

$$Q = \frac{1}{3}\,\frac{2 + \varepsilon_1\cos\varphi\cos\left(45 + \dfrac{\varphi}{2}\right)}{1 + \varepsilon_1\cos\varphi\cos\left(45 + \dfrac{\varphi}{2}\right)}\cdot\frac{\mathfrak{Cof}\,3f\,\dfrac{\pi}{2}}{3f + \dfrac{1}{3f}}\times$$

$$\times\ e^{3f\left(45 - \frac{\varphi}{2}\right)}\cdot\frac{\mathrm{tg}\left(45 + \dfrac{\varphi}{2}\right)}{\cos\varphi\cdot\cos\left(45 + \dfrac{\varphi}{2}\right)}\,b^2\gamma \qquad (46)$$

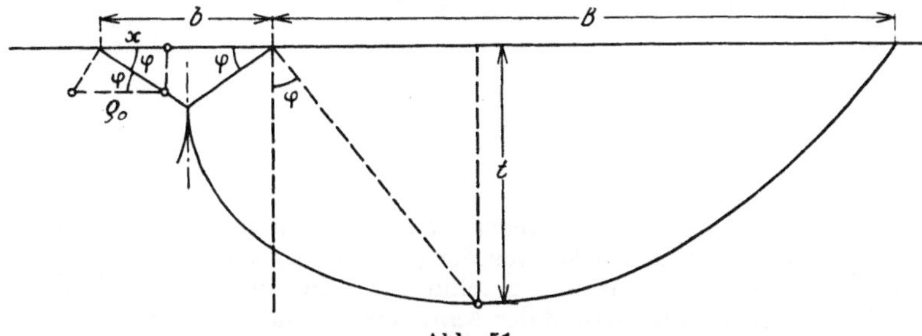

Abb. 51

Nimmt man einen Erdkeil mit den Basiswinkeln φ an (Annahme 2), so ist $h = \dfrac{b}{2}\sec\varphi\cdot e^{f\left(\frac{\pi}{2} - \varphi\right)}$ und man erhält durch Gleichsetzen der Momente

$$\frac{2}{3}\cdot\frac{b^3}{8}\sec^3\varphi\cdot e^{3f\left(\frac{\pi}{2} - \varphi\right)}\gamma\cdot\frac{\mathfrak{Cof}\,3f\,\dfrac{\pi}{2}}{3f + \dfrac{1}{3f}} = \frac{Q}{2}\cdot\frac{1 + \varepsilon_1\cos^2\varphi}{2 + \varepsilon_1\cos^2\varphi}\cdot\frac{b}{2}\ \text{weil}\ \varrho_0 = x\sec^2\varphi$$

somit

$$(47) \qquad Q = \frac{1}{3} \cdot \frac{2 + \varepsilon_1 \cos^2 \varphi}{1 + \varepsilon_1 \cos^2 \varphi} \cdot \frac{\mathfrak{Cof}\, 3f\,\frac{\pi}{2}}{3f + \dfrac{1}{3f}} \cdot e^{3f\left(\frac{\pi}{2} - \varphi\right)} \cdot \sec^3 \varphi \cdot b^2 \gamma$$

Nachstehend sind die Ergebnisse beider Formeln und die Hauptabmessungen der Widerlagskörper ausgewiesen.

Zusammenstellung 23. Tragfähigkeit langer Platten (f. d. Länge l)

1	2	3	4	5	6	7	8	9*
	Annahme 1			Annahme 2			Näherungsformel	Tragfähigkeit bei Dreiecks-Druckverteilung
φ	$\dfrac{Q}{b^2 \gamma}$	$\dfrac{B}{b}$ [1]	$\dfrac{t}{b}$ [2]	$\dfrac{Q}{b^2 \gamma}$	$\dfrac{B}{b}$ [3]	$\dfrac{t}{b}$ [4]	$0,3\,\varepsilon_1\, e^{3f\frac{\pi}{2}}$	
20	3,5	1,93	1,16	3,0	1,47	0,89	3,4	3,6 [1]
25	7,4	2,52	1,35	6,2	1,95	1,04	6,6	6,6 [2]
30	15,6	3,35	1,58	13,6	2,58	1,23	13,7	13,6 [3]
35	34,5	4,58	1,91	30,8	3,58	1,50	30,0	29,9 [4]
40	82,7	6,41	2,34	76,0	5,08	1.87	72	70,5
45	225	9,28	3,01	209	7,46	2,40	195	180

[1] $\dfrac{B}{b} = \dfrac{1}{2} \sec\left(45 + \dfrac{\varphi}{2}\right) e^{f\left(135 - \frac{\varphi}{2}\right)}$

[2] $\dfrac{t}{b} = \dfrac{1}{2} \sec\left(45 + \dfrac{\varphi}{2}\right) e^{f\left(45 + \frac{\varphi}{2}\right)} \cdot \cos \varphi$

[3] $\dfrac{B}{b} = \dfrac{1}{2} \sec \varphi \cdot e^{f(\pi - \varphi)}$

[4] $\dfrac{t}{b} = \dfrac{1}{2} e^{f\frac{\pi}{2}}$

* Die Werte der Reihe 9 beziehen sich auf Druckverteilung 2 (Abb. 18) und sind gleich den 1,5 fachen Werten der (für Druckverteilung 1 und $\alpha_1 = 0$ abgeleiteten) Werte der Zusammenstellung 6. Die der Druckverteilung 3 entsprechenden Werte (auf Grund der Annahme 2) sind — weil ungünstiger — als Höchstwerte anzusehen, die aber wahrscheinlich auch nicht ganz erreicht werden, weil sich die Spitze bei der Druckverteilung 3 abrunden wird. Als zulässige Last wird man einen Bruchteil dieser Höchstwerte annehmen.

Eine einfachere Näherungsformel für die Tragfähigkeit der Platte erhält man aus folgender Überlegung. Jn einem Flächenstreifen der Platte im Abstande x vom Plattenrand und der Breite dx sei die Pressung p. Diese Streifenlast $p\,dx$ verursacht nach einem Leitstrahlwinkel von 90° annähernd eine Pressung $p\,\dfrac{dx}{dh} = p\,e^{-f\frac{\pi}{2}}$ auf ein lotrechtes Flächenelement der Höhe dh in der Tiefe h. Der dort mögliche Erdwiderstand ist $\varepsilon_1 h \gamma$, daher die mögliche Pressung des entsprechenden Plattenelementes $p = \varepsilon_1 h \gamma \, e^{f\frac{\pi}{2}}$. Nun ist aber $h \doteq x \, e^{f\frac{\pi}{2}}$; es ist somit auch $p = \varepsilon_1 x \gamma \, e^{2f\frac{\pi}{2}}$. Die auftretende Reibung kann man, wie beim Seil, proportional dem umschlungenen Winkel annehmen, somit $e^{f\frac{\pi}{2}}$; die mögliche Plattenpressung wird daher annähernd proportional sein $\varepsilon_1 x \gamma \, e^{3f\frac{\pi}{2}}$ und die Tragfähigkeit annähernd proportional $\varepsilon_1 b^2 \gamma \, e^{3f\frac{\pi}{2}}$. Die Werte der Reihe 5 der Zusammenstellung 23 sind annähernd gegeben durch $Q = 0{,}3 \, \varepsilon_1 b^2 \gamma \, e^{3f\frac{\pi}{2}}$.

47. Einfluß der Gründungstiefe

Liegt die Plattensohle in einer Tiefe h_1 unter der Geländeoberfläche, so ergibt sich daraus eine Vergrößerung ihrer Tragfähigkeit um Q', die annähernd aus dem Moment betreffend A (Abb. 46) nach folgender Gleichung berechnet werden kann:

$$B h_1 \gamma \cdot \frac{B}{2} = \frac{Q'}{2} \cdot \frac{1 + \varepsilon_1 \cos^2 \varphi}{2 + \varepsilon_1 \cos^2 \varphi} \cdot \frac{b}{2}; \quad \frac{Q'}{b h_1 \gamma} = 2 \, \frac{2 + \varepsilon_1 \cos^2 \varphi}{1 + \varepsilon_1 \cos^2 \varphi} \cdot \left(\frac{B}{b}\right)^2 \quad (48)$$

worin $\dfrac{B}{b} = \dfrac{1}{2} \sec \varphi \cdot e^{f(\pi - \varphi)}$

Zusammenstellung 24. Tragfähigkeit langer Platten (für die Länge 1) infolge ihrer Gründungstiefe

	$\varphi = 20$	25	30	35	40	45⁰
$Q' : b \, h_1 \, \gamma$	5,9	10,1	17,4	33,0	65.5	140

48. Zulässige Bodenbeanspruchungen

Will man unter Berücksichtigung der Breite und Tiefe der Gründung Werte für zulässige Beanspruchungen ableiten, dann muß man eine größere Sicherheit annehmen. Beispielsweise erhält man für dreifache Sicherheit die Werte der Zusammenstellung 25, die aber voraussetzen, daß keine anderen Umstände für eine Ermäßigung sprechen.[1] Dazu gehören die Mächtigkeit und Lagerung der betreffenden Bodenschichte, die Festigkeit ihrer Teilchen, sowie auch die Festigkeit des Mauerwerkes. Bei großen Breiten muß man mit um so größeren Biegemomenten der Grundplatten rechnen, je größere Bodenpressungen man zuläßt. Auch

---

[1] Vorausgesetzt auch, daß man Geländeänderungen verhindern kann, die die Tragfähigkeit des Bodens verringern würden.

Rücksichten auf Setzungen können mitsprechen (s. S. 41). Man wird somit aus Zusammenstellung 25 nur folgern, daß man unter Umständen über die sonst üblichen Bodenbeanspruchungen hinausgehen kann, was ja auch bisher schon geschehen ist (s. auch Zusammenstellung 10, S. 40).

Zusammenstellung 25. Zulässige Bodenbeanspruchungen langer Platten. (Die Länge = 1 angenommen.)

für	$\varphi = 20$	25	30	35	40	45^0
infolge der Plattenbreite $\dfrac{Q:b}{b\,\gamma}$	1,0	2,1	4,5	10	23	60
infolge der Gründungstiefe $\dfrac{Q':b}{h_1\gamma}$	2,0	3,4	5,8	11,0	22	46

Beispielsweise ist für Sand $\varphi = 30^0$, $\gamma = 1{,}6$ t/m³, $b = 1{,}0$ m,

$$h_1 = 1{,}25, \frac{Q}{b} + \frac{Q'}{b} = 4{,}5\,b\,\gamma + 5{,}8\,h_1\,\gamma = (4{,}5 \times 1{,}0 + 5{,}8 \times 1{,}25) \times 1{,}6 =$$

$= 18{,}8$ t/m² $= 1{,}9$ kg/cm². Die Rücksicht auf gleichmäßige Pressungen ließe nach S. 40 nur $1{,}05 \times 1{,}25 \doteq 1{,}3$ kg/cm² zu.

49. Die Tragfähigkeit ○, □ und regelmäßiger Vieleckplatten

auf gleiche Weise zu ermitteln wie bei langen Rechteckplatten, ist nach folgender Überlegung nicht möglich. Nimmt man $p\,x$ parabolisch an, so würde noch ein einheitliches Drucklinienfeld entstehen mit Spiralen, deren Krümmungshalbmesser unmittelbar unter der Platte von 0 bis ∞ variiert. Aber schon dieser Druckverteilung entsprechen ∞ große Pressungen in Plattenmitte, die wegen der begrenzten Materialfestigkeit nicht auftreten können. Es wird sich somit auch diese Druckverteilung nicht rein einstellen können. Um so weniger ist die Ausbildung konzentrischer Spiralen, die noch größere Drucke erfordern, wie bei langen Rechteckplatten möglich. Sie werden sich höchstens am Rand ausbilden und es entsteht ein zweiteiliges Drucklinienfeld mit einem Kern in der Mitte, dessen Zerdrücken die seitlichen Massen zum Ausweichen bringt. Die Tragfähigkeit solcher Platten ist daher, bei durchwegs gleicher Bodenbeschaffenheit, wesentlich bestimmt durch die Tragfähigkeit des Kerns.

50. Tragfähigkeit der Maste

Wie bereits erwähnt, hängt die Standsicherheit der Maste in leichten Erdarten auch wesentlich von ihrer Stärke ab. Die Bedingung, daß der Bodendruck in der Tiefe y das Maß $\varepsilon_1\,y\,\gamma$ nicht überschreiten darf, genügt allein nicht. Der Mastquerschnitt darf auch keine größeren Drucke auf den Boden ausüben, als seiner Tragfähigkeit im wagrechten Sinne entspricht, und die wird annähernd mit dem Quadrat der Maststärke abnehmen, also rascher als der Erdwiderstand, der nur annähernd mit der Maststärke abnimmt. Hiebei spielt auch der Mastquerschnitt eine Rolle.[1]

VI. Elastische Platten und Wände

Während die Druckverteilung einer gegebenen starren Platte nur von der Größe und Lage der Resultierenden der Gesamtlast zu den Plattenrändern abhängt, wird sie bei elastischen Platten überdies von der Verteilung der Last auf der Platte beeinflußt; denn die für die gegebenen Verhältnisse ermittelte ungleichmäßige Druckverteilung der starren Platte bewirkt bei der sonst gleichen elastischen Platte eine Verbiegung und verursacht dadurch eine größere Ungleichmäßigkeit der Druckverteilung. Die allgemeinen Gleichungen für den Krümmungshalbmesser der Drucklinien unmittelbar unter der Platte $\varrho = \varepsilon_1 \dfrac{p}{\dfrac{d\,p}{d\,x}}$ für lange Recht-

eckplatten und $\varrho = \varepsilon_1 \dfrac{p\,x}{\dfrac{d\,(p\,x)}{d\,x}}$ für Kreis- und regelmäßige Vieleckplatten

gelten auch für elastische Platten. Es bedeutet hier aber p jene Pressung, wie sie sich aus der Druckverteilung unter dem Einfluß der Plattenverbiegung ergibt.

In der Regel wird eine derartige Verbiegung der Platte angenommen, bei welcher die elastischen Senkungen ihrer einzelnen Punkte den dort herrschenden Pressungen proportional sind ($p = C\,y$).[2] Bei tieferen Gründungen, wie sie gewöhnlich bei Bauwerken vorkommen, wird man das in der Regel annehmen können, bei flacheren Gründungen aber nicht; denn die Senkungen der Plattenpunkte sind nicht nur annähernd proportional den Pressungen, sondern auch dem Widerstandsvermögen der tragenden Bodenstreifen, für welch letzteres die Längen der Drucklinien oder auch die bei starren Platten möglichen äußersten Bodenpressungen ein ungefähres Bild geben. Die Bettungsziffer ist sonach nicht nur von der Form und Größe der Platte und ihren Pressungen abhängig (je kleiner, geschlossener und weniger belastet die Fläche, desto größer die Bettungsziffer), sondern auch von der Tiefe der Lagerung der Platte unter der Geländeoberfläche.

---

[1] Prof. E n g e l s „Versuche über den passiven Erddruck", Zentralblatt der Bauverwaltung 1903.

[2] Den Wert C, d. i. jene Pressung in kg/cm², welche eine Senkung der Platte (Zusammendrückung des Bodens) von 1 cm hervorruft, nennt man die Bettungsziffer.

Man kann deshalb die Bettungsziffern, wie sie Bastian[1] für auf dem Gelände liegende Platten bestimmt hat oder wie sie für Oberbauzwecke durch Versuche an einzelnen Schwellen außerhalb des Gleises[2] bestimmt wurden, nicht auf frostsicher verlegte Bauwerksplatten übertragen. Noch weniger verwendbar (weil viel zu klein) sind die Werte der Bettungsziffer, die an im Betrieb befindlichen Gleisen festgestellt wurden, weil sie durch die Spielräume der Schienen über den Platten, dieser über den Schwellen und letzterer über der Bettung herabgedrückt wurden, also kein Maß für die federnde Zusammendrückung der Bettung und des Unterbaues gaben. Wenn beispielsweise Bastian[1] für 70 kg Last auf einer $\square$ ($\bigcirc$) Platte von 137,5 cm² (550 cm²) $C \doteq 20$ (10) kg/cm³ fand, so entsprach dem für Plattenmitte (bei Annahme parabolischer Druckverteilung) eine Bettungsziffer $C \doteq \dfrac{3}{2} 20 = 30 \left(\dfrac{3}{2} 10 = 15 \right)$ kg/cm³. Für Bauzwecke müßten verläßliche Werte daher erst ermittelt werden.

Gegenüber starren (massiven) Mauern ist bei sonst gleicher Gründung und gleichen übrigen Verhältnissen bei elastischen Wänden, die auch größere bewegliche Lasten zu tragen haben, mit einer Vergrößerung des Erddruckes infolge des federnden Verhaltens der Wand unter dem Einfluß der beweglichen Lasten zu rechnen.[3]

Die Tragfähigkeit elastischer Platten ist gleich jener starrer Platten begrenzt durch die mögliche Randpressung p_1 und die mögliche Zunahme der Pressung bis auf p_0 in Plattenmitte. Dieses Maß wird aber bei elastischen Platten wegen ihrer Verbiegung nicht voll ausgenützt werden können. Denkt man sich für irgend eine, auch veränderliche Bettungsziffer und eine bestimmte Größe und Verteilung der Last die Verbiegung der Platte und die zugehörigen Bodenpressungen in den einzelnen Punkten (die Druckverteilung) ermittelt, so müssen diese Pressungen noch innerhalb der für starre Platten gegebenen Umrißlinie bleiben. Jene Last (bei gegebener Lastverteilung) deren Druckverteilungslinie gerade noch innerhalb der erwähnten Umgrenzungslinie für starre Platten bleibt (sie in einzelnen Punkten berührend), gibt die Tragfähigkeit der elastischen Platte für die gegebene Lastverteilung. Die Tragfähigkeit elastischer Platten ist daher geringer als die starrer Platten, und zwar um so geringer, je biegsamer die Platten sind.

---

[1] Bastian „Das elastische Verhalten der Bettung und ihres Untergrundes", Organ 1906, Ergänzungsheft.

[2] Van Dyk, „Versuche über die Eindrückung der Schwellen in die Bettung", Organ 1915, H. 12.

[3] Müller-Breslau, „Erddruck auf Stützmauern", S. 144.

Tafel I bis VI
und Erläuterungen

Erläuterungen zu den Drucklinienfeldern (Tafel I bis VI)

Die Zahlen außen am Rand der Felder (beispielsweise 035) bezeichnen die Drucklinien und sind die Werte $\xi = \dfrac{2\,x}{b}$ (b Plattenbreite).

Die Gradangaben bei den geringelten Punkten der Drucklinien geben den Winkel ihrer Tangenten mit der Lotrechten (Senkrechten zur Geländeoberfläche).

Die Prozentangaben zwischen den Drucklinien geben die Lastanteile dieser Streifen in Prozenten der ganzen Plattenlast.

Die Prozentangaben der Drucklinien selbst geben den Lastanteil aller Streifen von Plattenmitte ($\xi = 0$) bis zur betreffenden Drucklinie.

Der Gesamtlastanteil zwischen zwei beliebigen Drucklinien ergibt sich somit als Unterschied der diesen Drucklinien beigefügten Prozentangaben (beispielsweise zwischen den Drucklinien $\xi = 020$ und 045   31,46 — 14,80 = = 16,66%, zwischen $\xi = 024$ und 047 wäre der Lastanteil 16,66% + 0,2 × × 3,56 + 0,4 × 2,90 = 18,5%).

Als Längeneinheit des Drucklinienfeldes dient die Plattenbreite; deshalb sind Weite und Tiefe des Feldes nach Plattenbreiten geteilt.

Berechnungsbeispiel. Es ist der Druck einer 2 m breiten ($b = 2$ m), mit 20 t belasteten Platte auf die in Tafel I dargestellte Mauer zu bestimmen; ihre Hinterfüllung ist Sand $\varphi = 30^0$, $\gamma = 1,6$ t/m³. Der Abstand der lotrechten Mauerrückseite von Plattenmitte betrage 6 m = 3 b, die Mauerhöhe $h =$ = 8 m = 4 b. Oben sei die Mauer abgeschrägt (1 m = $\dfrac{b}{2}$ wagrecht auf 2,5 m = 1,25 b lotrecht, Neigung $21^0\ 50'$). Diese Abschrägung liegt zwischen den Drucklinien $\xi = 054$ und 063; der Druck senkrecht zur Mauer ist somit annähernd 0,2 × 2,72 + 2,51 + 0,6 × 2,28 = 4,42% von 20 t = 0,88 t. Der mittlere Winkel der Drucklinien mit der Mauerflucht ist annähernd $\beta =$ = 52^0 — $22^0 = 30^0$; nach Zusammenstellung 3 ist daher der Druck in der Richtung der Mauerflucht 058 × 088 = 0,51 t. Die gesamte wagrechte Teilkraft des Erddruckes auf diesem Mauerteil ist somit 088 cos $21^0\ 50' =$ + 051 sin $21^0\ 50' = 088 × 0928 + 051 × 0372 = 1,0$ t, die gesamte lotrechte Teilkraft 088 sin $21^0\ 50'$ — 051 cos $21^0\ 50' =$ — 0,15 t. Der untere lotrechte Mauerteil liegt zwischen den Drucklinien $\xi = 022$ und 054, der Druck senkrecht zur Mauer ist somit annähernd 0,6 × 3,56 + 37,08 — 18,36— — 0,2 × 2,72 = 20,3% von 20 t = 4,06 t. Denkt man sich die einzelnen Streifenlasten (0,6 × 3,56, 3,46, ..., 2,90, 0,8 × 2,72) als wagrechte Drücke in den halben Abständen der Drucklinien wirkend, so erhält man im Angriffspunkt ihrer Mittelkraft den Angriffspunkt des Erddruckes auf den unteren Mauerteil (rechnerisch oder zeichnerisch); man erhält die Höhe des Angriffspunktes über der Mauersohle mit 3,0 m (oder in 0,54 der Höhe). Um die lotrechte Teilkraft des Erddruckes zu bestimmen, ermittelt man zunächst mit Hilfe der Gradangaben der geringelten Punkte die mittleren Winkel der einzelnen Streifen gegen die Wand und mittels dieser Winkel dann aus Zusammenstellung 3 die Drücke in der Richtung der Mauerflucht. Man erhält einen abwärts gerichteten Druck von 0,7% von 20 t, das sind 0,14 t oder eine Neigung des Erddruckes von rund 2^0; daß der Erddruck nahezu wagrecht wirken muß, geht aus den Drucklinien hervor.

Dem so ermittelten Erddruck der Nutzlast ist der in gewöhnlicher Weise berechnete Erddruck der Hinterfüllung (mit Berücksichtigung seiner anderen Lage) zuzuschlagen.

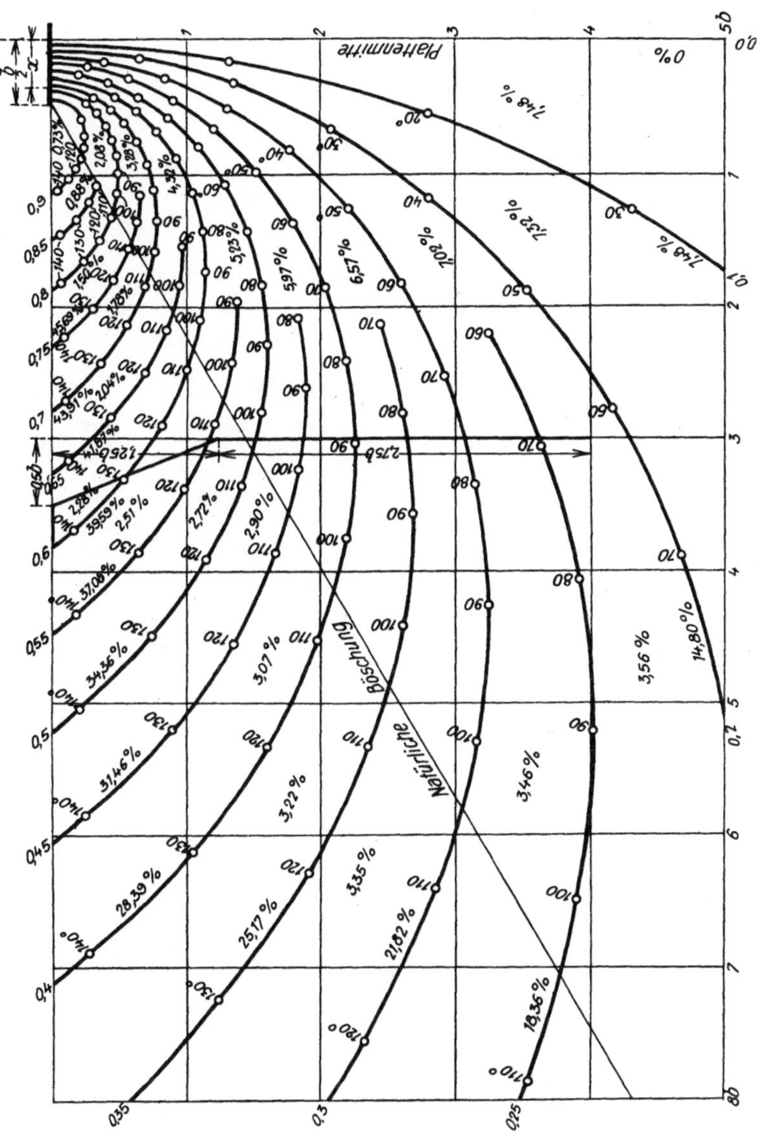

Plattenmitte
Natürliche Böschung
0 %
1,48 %
7,32 %
14,80 %
Drucklinienfeld für $\varphi = 30^{0}$, $\alpha_1 = 0$
(Erläuterungen s. S. 92)

Tafel II

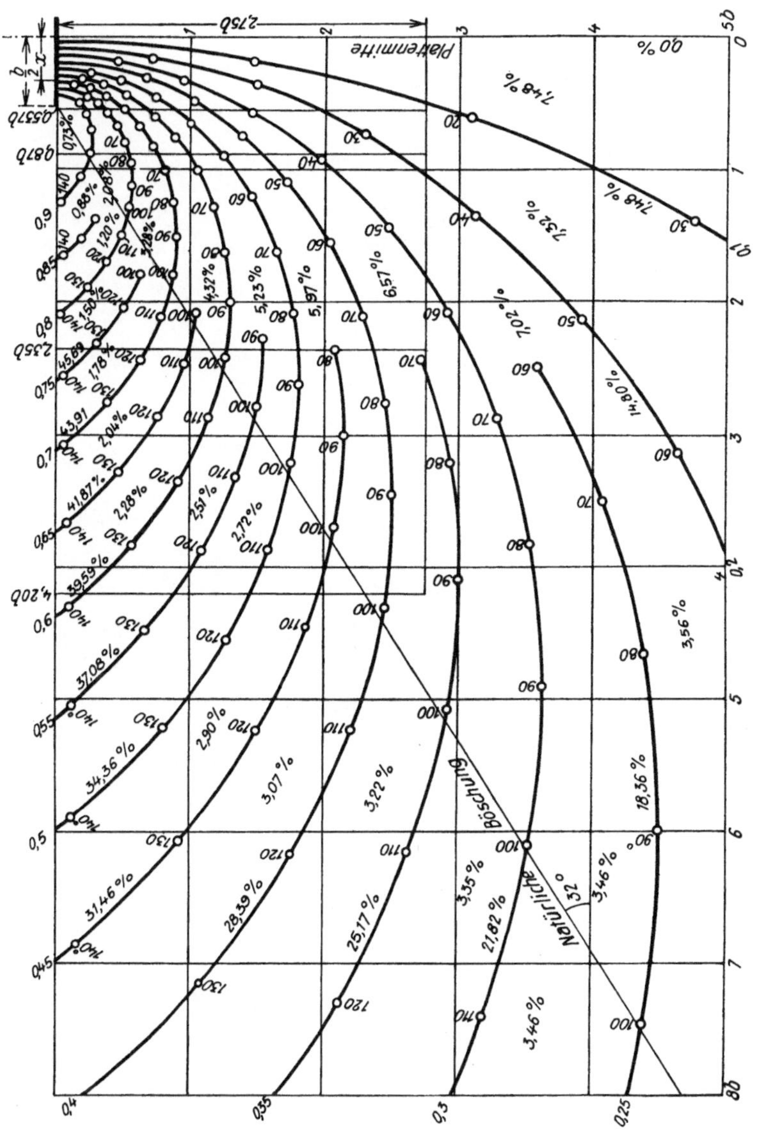

Drucklinienfeld für $\varphi = 32^0$, $a_1 = 0$

(Erläuterungen s. S. 92)

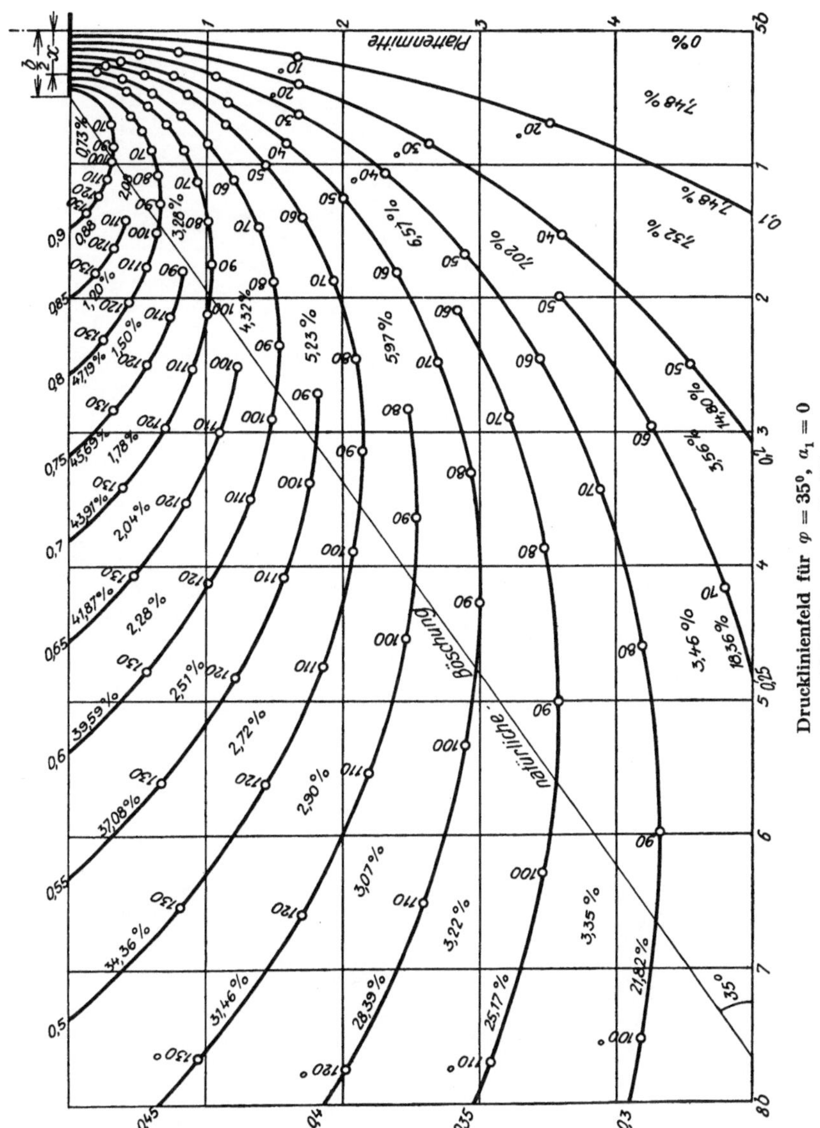
Plattenmitte
Böschung
natürliche
Drucklinienfeld für $\varphi = 35^\circ$, $a_1 = 0$
(Erläuterungen s. S. 92)

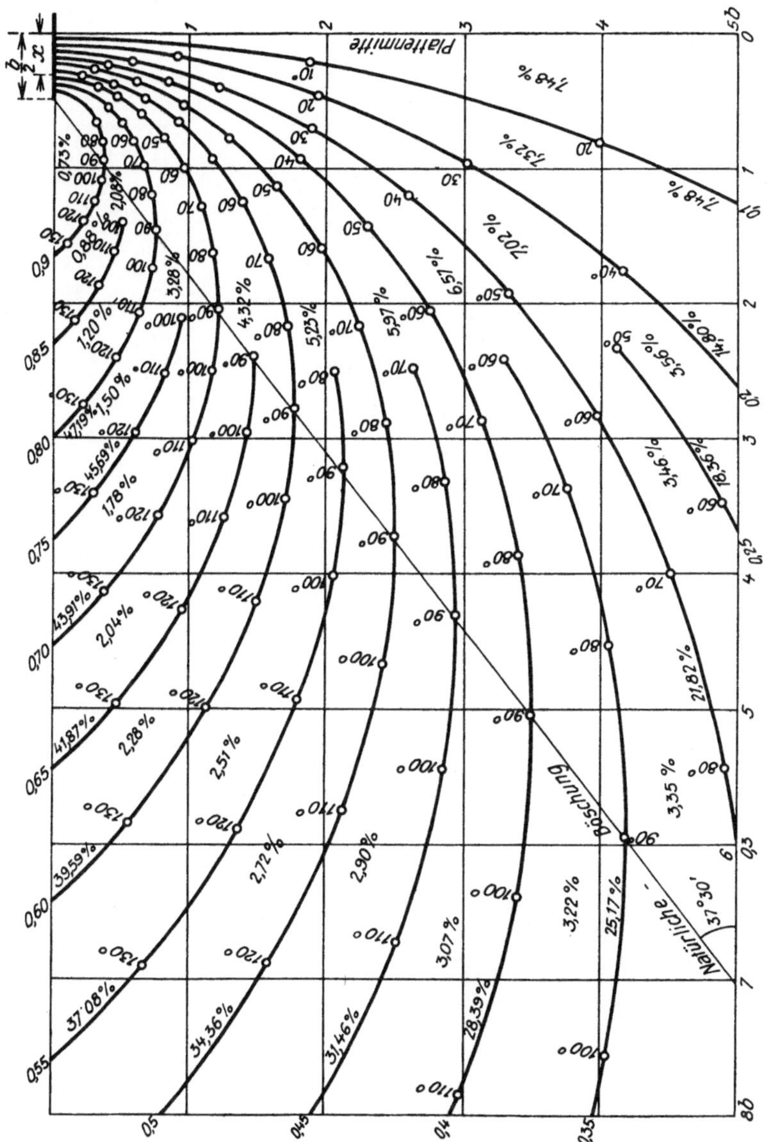

Drucklinienfeld für $\varphi = 37^0\ 30'$, $a_1 = 0$

(Erläuterungen s. S. 92)

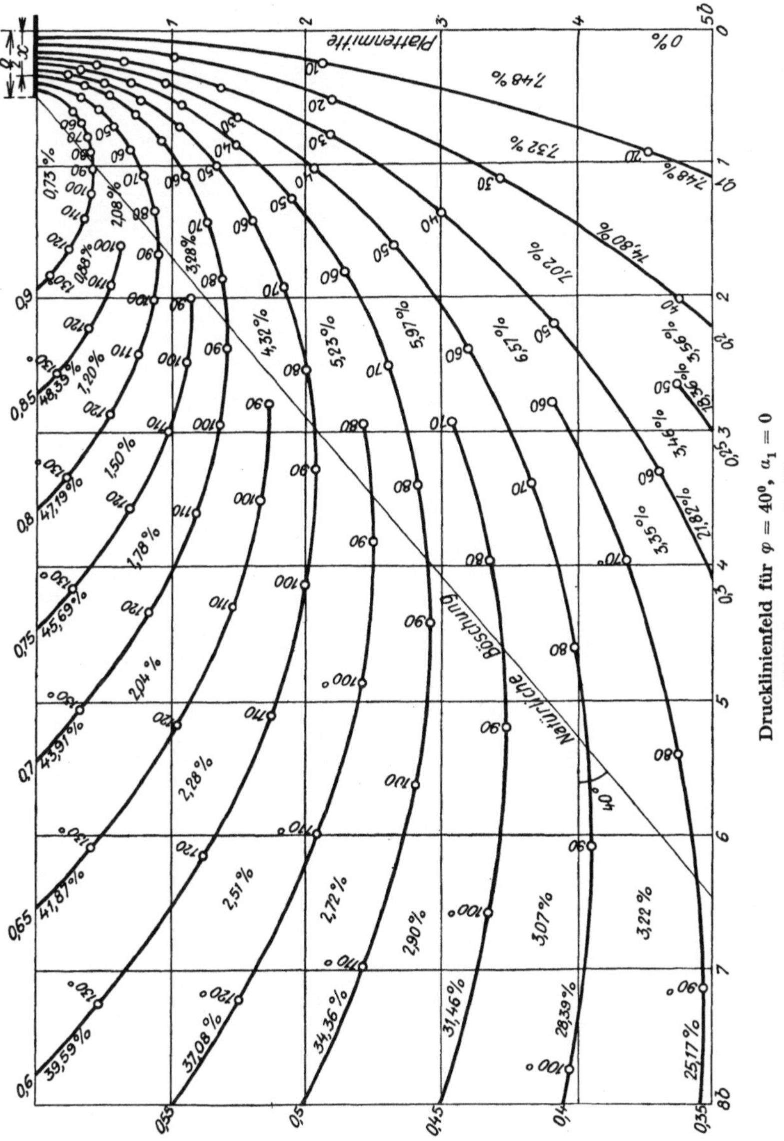

Drucklinienfeld für $\varphi = 40^0$, $a_1 = 0$
(Erläuterungen s. S. 92)

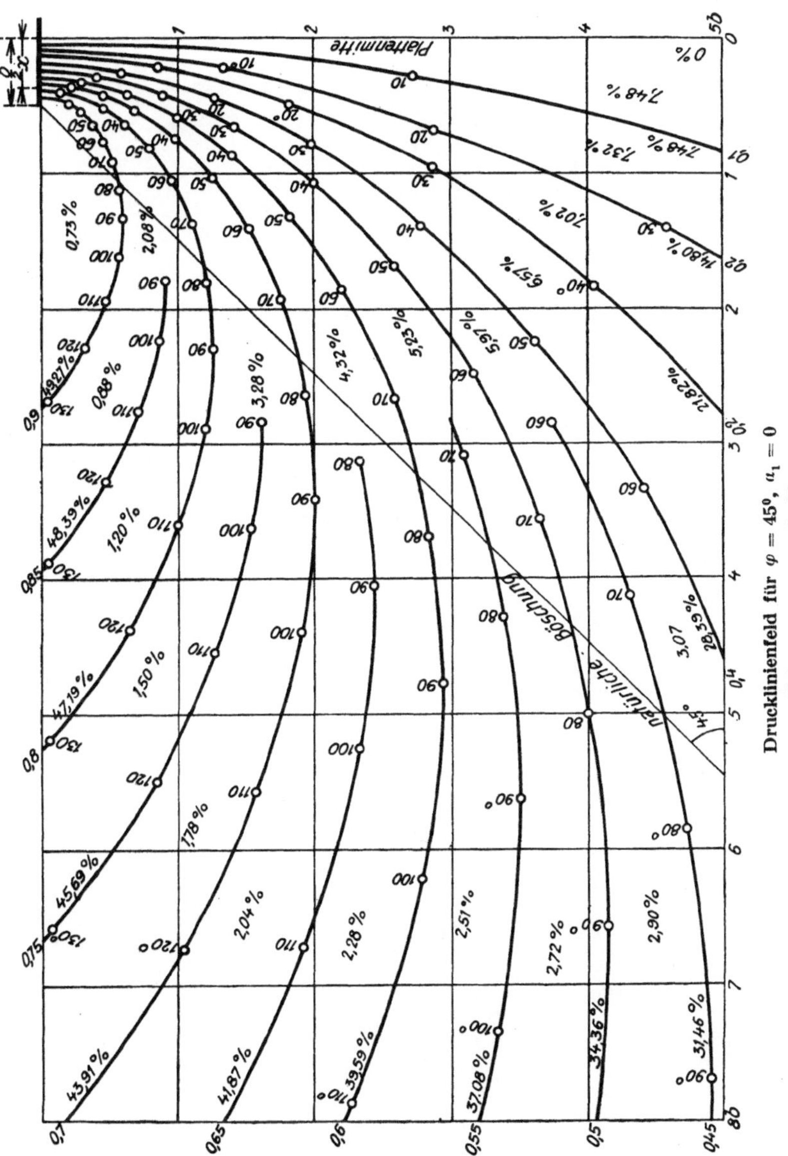
Plattenmitte
natürliche Böschung
Drucklinienfeld für $\varphi = 45^0$, $a_1 = 0$
(Erläuterungen s. S. 92)

Taschenbuch für Ingenieure und Architekten. Unter Mitwirkung von Prof. Dr. H. Baudisch-Wien, Ing. Dr. Fr. Bleich-Wien, Professor Dr. A. Haerpfer-Prag, Doz. Dr. L. Huber-Wien, Prof. Dr. P. Kresnik-Brünn, Prof. Dr. h. c. J. Melan-Prag, Prof. Dr. F. Steiner-Wien herausgegeben von Ing. Dr. **Fr. Bleich** und Prof. Dr. h. c. **J. Melan.** Mit 634 Abbildungen im Text und auf einer Tafel. 715 Seiten. 1926.

In Ganzleinen gebunden 22,50 Reichsmark

Der Bauratgeber. Handbuch für das gesamte Baugewerbe und seine Grenzgebiete. Achte vollständig neubearbeitete und wesentlich erweiterte Neuauflage von „Junk, Wiener Bauratgeber". Herausgegeben unter Mitwirkung hervorragender Fachleute aus der Praxis von Ing. **Leopold Herzka,** Wien. Mit zahlreichen Tabellen und 752 Abbildungen im Text. 794 Seiten. 1927. In Ganzleinen gebunden 38,50 Reichsmark

Holz im Hochbau. Ein neuzeitliches Hilfsbuch für den Entwurf, die Berechnung und Ausführung zimmermanns- und ingenieurmäßiger Holzwerke im Hochbau. Von Ing. **Hugo Bronneck,** behördl. autor. Zivilingenieur für das Bauwesen. Mit 415 Abbildungen, zahlreichen Tafeln und Zahlenbeispielen. 403 Seiten. 1927. In Ganzleinen gebunden 22,20 Reichsmark

Baupolitik als Wissenschaft. Von Dr. **Karl H. Brunner.** 80 Seiten. 1925.

2,85 Reichsmark

Grundzüge der Bergbaukunde einschließlich Aufbereitung und Brikettieren. Von Dr. Ing. e. h. **Emil Treptow,** Geheimer Bergrat, Prof. i. R. der Bergbaukunde an der Bergakademie Freiberg, Sachsen. Sechste, vermehrte und vollständig umgearbeitete Auflage.

I. **Band: Bergbaukunde.** Mit 871 in den Text gedruckten Abbildungen. 636 Seiten. 1925. In Ganzleinen gebunden 18 Reichsmark

II. **Band: Aufbereitung und Brikettieren.** Mit 324 in den Text gedruckten Abbildungen und 11 Tafeln. 338 Seiten. 1925.

In Ganzleinen gebunden 21 Reichsmark

Berg- und Hüttenmännisches Jahrbuch der Montanistischen Hochschule in Leoben. Schriftleitung: Prof. Dr. Hans Fleissner, Prof. Dr. Wilhelm Petrascheck, Oberbergrat Ingenieur Ludwig Sterba. Das Jahrbuch erscheint vierteljährlich in einem Umfang von etwa 48 Seiten in Quartformat. Der Bezugspreis beträgt jährlich 21,60 Reichsmark.

Preis des Einzelheftes 8 Reichsmark

Konstruktive Abbildungsverfahren. Eine Einführung in die neueren Methoden der darstellenden Geometrie. Von Professor Dr. techn. **Ludwig Eckhart,** Privatdozent an der Technischen Hochschule in Wien. Mit 49 Abbildungen im Text. 123 Seiten. 1926

5,40 Reichsmark